应用型人才培养"十三五"规划教材

Tekla Structures
钢结构BIM应用

张 俏　董 羽　焦立强　主编

刘 悦　周婵芳　副主编

周红明　主审

U0201529

化学工业出版社

·北京·

本书按照项目化教学方法，结合编者多年的钢结构深化设计经验，综合国内钢结构详图设计现状而编写，涵盖当前主要钢结构建筑形式，具有较强的针对性和实用性。全书以实际典型工程项目为案例，分别讲解简易工业厂房、变截面门式钢架行车厂房、轻型钢结构建筑、高层钢结构楼房等。通过本书学习，读者可以在短时间内轻松掌握 Tekla Structures 软件，从而做出更正确的设计。

本书开发了 34 个视频教学资源，可通过扫描书中二维码学习。

本书可作为应用型本科和高职高专院校建筑钢结构工程技术专业、土木工程专业及其他相关相近专业的教材，还可作为从事钢结构行业的技术人员与管理人员的培训及参考用书，特别适用于钢结构详图设计岗位从业者及初学者。

图书在版编目（CIP）数据

Tekla Structures钢结构BIM应用/张俏，董羽，焦立强主编.
北京：化学工业出版社，2017.12（2024.2重印）
ISBN 978-7-122-31129-0

Ⅰ.①T⋯　Ⅱ.①张⋯②董⋯③焦⋯　Ⅲ.①钢结构-结构
设计-计算机辅助设计-应用软件　Ⅳ.①TU391.04-39

中国版本图书馆CIP数据核字（2017）第298004号

责任编辑：李仙华　　　　　　　　　　　　　　装帧设计：张　辉
责任校对：王　静

出版发行：化学工业出版社（北京市东城区青年湖南街13号　邮政编码100011）
印　　装：北京天宇星印刷厂
787mm×1092mm　1/16　印张8¹⁄₂　字数208千字　2024年2月北京第1版第5次印刷

购书咨询：010-64518888　　　　　　　　售后服务：010-64518899
网　　　址：http://www.cip.com.cn
凡购买本书，如有缺损质量问题，本社销售中心负责调换。

定　　价：42.00元

前言

近年来，由于城市化、工业化进程的加快，钢结构行业得到了快速发展。体育场馆、厂房、住宅大楼、摩天大楼、海上结构和桥梁等的设计也越来越多地运用钢结构，而在钢结构的深化设计中，Tekla Structures 软件发挥着重大的作用。

本书依据最新《钢结构设计规范》《钢结构工程施工质量验收规范》及其相关规范、标准等文件，按照教育部专业教学改革精神及学校在示范校建设过程中为适应新形势下教学改革和课程改革需要，在项目化教学课程改革成果的基础上进行编写，充分考虑如何更好地培养适应钢结构施工现场、钢结构设计、制造、安装等一线技术人员与管理人员。

本书由简易工业厂房、变截面门式钢架行车厂房、轻型钢结构建筑、高层钢结构楼房四个项目构成，内容采用项目教学法由浅入深地分层次编写，遵循提高学生解决实际问题能力的原则，力求内容具有综合性、实践性、通用性。项目中的任务囊括了每个细部设计专业模块的使用方法，重点阐述创建钢结构三维模型的技巧与方法以及如何生成钢结构制造和安装阶段使用的数据。

本书具有如下特点：

（1）反映当前教学改革和课程改革的主要方法和趋势，以实际工程案例为主导，以情境为任务，采用项目化教学设计。

（2）尊重职业教育的特点和发展趋势，合理把握钢结构行业"基础知识够用为度、注重专业技能培养"的编写原则。

（3）注重反映钢结构工程技术领域出现的新材料、新技术、新工艺，以国家最新执行的国家标准和规范为蓝本。

（4）内容安排以钢结构施工现场、加工制造车间的技术与管理人员岗位工作中的技术应用为主线，注重与岗位实际工作需要的无缝对接，不需要对知识进行转换处理。

（5）本书由辽宁城市建设职业技术学院与天津市优构图软件科技有限公司、沈阳司贝司装饰工程有限公司校企合作共同开发，编写团队具有多年建筑钢结构工程教学经验及工程实践经验。

本书由辽宁城市建设职业技术学院张俏、董羽和沈阳司贝司装饰工程有限公司焦立强担任主编，辽宁城市建设职业技术学院刘悦、周婵芳担任副主编。具体分工为：项目一、二由张俏、刘悦编写，项目三由董羽、朱军强编写，项目四由焦立强、周婵芳、亢文权、秦都猛编写。张俏负责组织编写及全书整体统稿工作，天津市优构图软件科技有限公司周红明负责主审。

本书在编写过程中，查阅并参考了大量的技术资料和相关图书，在此向这些作者致以衷心的感谢！

本书开发了34个视频教学资源，可通过扫描书中二维码学习。

同时，可登录www.cipedu.com.cn免费获取电子课件、项目二的CAD图纸。

由于编者水平有限，加之时间仓促，书中难免存在不妥之处，敬请广大读者和专家批评指正。

编　者

2018年3月

目 录

项目二　变截面门式钢架行车厂房　036

概述

随着我国建筑业的发展，钢结构逐渐成为目前广泛应用的一种建筑结构形式。而钢结构理论研究和技术的不断进步，钢结构将在更多的工业与民用建筑工程中采用。

在钢结构工程的实施过程中，主要经历钢结构加工和钢结构安装两大过程。其中钢结构加工过程的龙头工作就是钢结构深化设计，它是钢构件加工的前提、基础和依据，是整个钢结构工程的开端。钢结构详图设计是钢结构建筑转化成钢结构产品的一个重要环节，是钢结构施工前的关键技术准备工作，而详图（或称深化设计图）更是钢结构构件制作和安装的指导性文件，直接影响钢结构制作的成本、进度、质量。因此，在钢结构工程施工过程中，钢结构施工详图的管理工作更需要高度重视。

目前钢结构工程给出的施工图往往是仅带有典型的连接节点示意图，提供了明确的结构体系要求和节点、杆件内力，而剩下的工作都由详图工程师去根据设计原则通过准确的深化设计来完成工程的后续设计工作，这要求详图设计人员必须能很好地体会结构设计师的这种概念性设计思路，在具备了这样的技能和素质要求下，必然可以基于软件的优势来更快更好地完成一个工程设计。虽然目前国内外的设计方式与流程尚有不同，但是随着钢结构产业的快速发展，各个生产环节的细部分工，钢结构详图设计这项承上启下的工作将会发挥越来越重要的作用。

钢结构工程的设计分为钢结构设计图和钢结构详图两阶段。钢结构设计图由具有设计资质的设计单位完成。钢结构详图也称为加工制作图，一般应由钢结构加工厂制作完成，钢结构详图设计是以钢结构设计图为依据的详细放样图。钢结构详图设计不但要充分考虑构件间的相互连接，结构构件的标准细部尺寸、所用的材质要求、加工精度、工艺流程、焊缝质量等，还要考虑构件的分段、拼接、运输、现场安装等问题。

钢结构详图包括：构件加工图与安装图两部分。

（1）构件加工图是指组成钢结构的单个构件的工厂制作放样图，比如：在结构图中某一轴线和标高位置的梁、柱、支撑、檩条等构件的加工放样图。在钢结构详图设计中，钢结构中的所有的构件都有各自的编号和加工图。构件加工图主要用于工厂制作单个构件，它由主构件和零配件组成。比如：在一根柱子的构件加工图中，用于制作工字形柱子的工字钢是主构件，在柱子上需要焊接的角钢以及其他配件都是零配件，零配件也有各自的编号。在一张完整的构件加工图中，能表示如下信息：①主构件与零配件的相对位置；②主构件上的切割和开孔；③零配件与主构件的焊缝样式和长度；④所有用到的零配件的编号、数量、重量；⑤主构件的数量、刷漆、材质、重量等信息。钢结构加工厂通过构件加工图把一个整体的钢结构建筑分解成了许多单个的构件，在工厂里分别加工制作完成后，再把这些构件运输到施工现场安装。

（2）安装图的作用是指导施工现场的钢结构安装作业。通过钢结构安装图，把众多零散的单个构件依次组装，形成最后的结构整体。钢结构安装图类似于建筑结构图，也有平面图和立面图，但是图中不仅显示了截面、长度、定位、标高等，还主要显示了所有单个构件的编号、连接样式、安装方向等组装信息。

钢结构详图设计工作复杂而繁琐，计算机软件的应用大大提高了详图设计者的工作效率。目前应用比较广泛的钢结构详图设计（深化）软件是由Tekla公司出品的钢结构详图设计软件-Tekla Structures。软件功能包括3D实体结构模型与结构分析、3D钢结构细部设计等。3D模型包含了钢结构设计、制造、安装的全部资讯需求，所有的图面与报告完全整合在模型中产生一致的输出文件，与以前的设计文件使用的系统相比，Tekla Structures可以获得更高的效率与更好的结果，让设计者可以在更短的时间内做出更正确的设计。Tekla Structures有效地控制整个结构设计的流程，设计资讯的管理透过共享的3D界面得到提升。基本的工作流程是在3D模型中创建轴线和视图→创建钢结构构件→做细部节点连接→项目构件编号→模型出图编辑→统计出材料清单报表等信息。

随着钢结构的蓬勃发展，对详图设计人员也提出了更高的要求。钢结构详图设计人员应当具备最基本结构的分析能力与概念设计知识，能精确定义焊接工艺（包括焊接类型、焊接方法等），并能理解因吊装方法、流程的不同而对深化设计要求和对工厂制作、安装及整个工程运作的影响。不但要熟练掌握设计软件，更应懂得如何去操控一个工程的各个细节设计，以满足更合理化的生产、运输、安装及后续服务。

本书以切实提高技术人员在钢结构专业方面的综合素质为原则，按照项目化教学方法编写，为钢结构初学者掌握基本技能搭桥铺路，使部分已从事钢结构的从业人员的技能水平能够更上一层楼。书中设计的项目涵盖当前主要钢结构建筑形式，具有较强的针对性和实用性。全书各部分分别以典型实际工程项目为案例进行讲解，内容包括简易工业厂房、变截面门式钢架行车厂房、轻型钢结构建筑、高层钢结构楼房等内容。实例项目简单、全面、实用，读者由浅入深学习的同时，使Tekla Structures软件常用命令得到反复训练。

钢结构详图设计Tekla Structures软件的学习，读者可参照本书以及配套的视频教程认真完成案例项目中每一项任务训练，增长Tekla Structures软件应用技能，更增加自身的成就感与做钢结构专业工作的信心。在做实际工程项目时更要特别注意如下几点：①要看清工程总说明；②把整个工程的图纸看懂，在脑海中留下一个空间的3D基本框架；③着手软件建模最重要的是看好规格和材质；④一定要由主到次仔细地完成每一步3D建模工作；⑤软件创建的图纸中做到每一个构件上的每一个剖面、零件和材料表进行认真核对。

项目一　简易工业厂房

　能力目标

1. 会新建项目、保存项目、建立三维轴网。
2. 能准确地根据CAD图纸内容，建立简易工业厂房三维设计模型。
3. 会操作工业厂房体系中基本结构构件的创建方法，并会设置结构构件的属性类型。
4. 能够创建图纸、创建整体布置图，生成材料清单报表。

　知识目标

1. 熟悉Tekla Structures软件钢结构构件命令操作。
2. 掌握钢柱、钢梁、加劲肋底板柱脚、梁柱连接节点、混凝土板三维模型创建。
3. 掌握屋面檩条、十字支撑、抗风柱等结构构件的添加方法，会设置其属性类型。
4. 掌握创建图纸、生成材料表方法。

　项目描述

建立一个简易工业厂房结构模型，模型由HM型钢柱、HM型钢梁、加劲肋底板柱脚、梁柱连接节点、混凝土板、屋面檩条、十字支撑、抗风柱等结构构件组成。

学习建议

1.认真完成每一项任务，任务是完成项目的工作过程，可以分组协作完成各个任务，充分发挥小组智慧。

2.完成任务过程中，做好问题记录，同时注意收集相关学习资料。

3.可拓展自学其他相关结构构件的建模方法，例如矩形空腹截面、焊接盒式截面、圆孔截面柱的布置等。

4.对布置的能力训练题建议独立完成，逐步提高建模水平。

任务一　基本建模参数

一、新建项目

启动 Tekla Structures 软件，打开软件登录界面（图1-1）。

图1-1　登录界面

进入界面，新建一个模型（图1-2）。点击第一个"创建一个新模型"图标，创建模型。

图1-2

进入图1-3界面，即为要创建模型的整体轮廓。

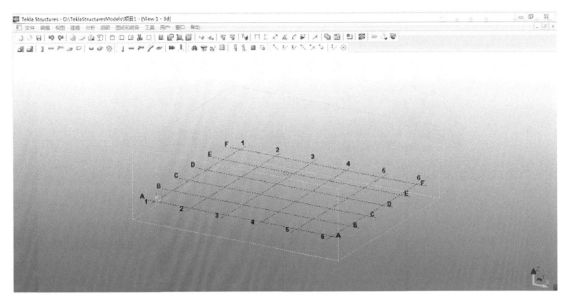

图1-3

二、轴线的创建

双击图1-3中黑色的轴线，此时弹出"轴线"属性对话框，按照如图1-4所示的数据输入，点击【修改】，同时注意观察三维坐标的方向。鼠标左键点击背景空白处，这时会看到背景被一个长方体的框子所包围（图1-5），再点击鼠标右键，出现如图1-6所示的菜单，选择【适合工作区域到整个模型】。

图1-4

图1-5

观察界面，所有轴线被一个【蓝色】的线盒子所包裹着，最终效果如图1-7所示。

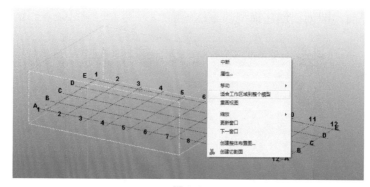

图 1-6

图 1-7　最终效果

任务二　创建柱子和梁

一、创建柱子并调整属性

在软件的工具栏中，双击创建柱的图标 [工具栏图标]，打开后按照图 1-8 输入数据，点击【修改】→【应用】→【确认】。

图 1-8　柱的属性

在如图1-9所示的位置创建柱子，鼠标点击轴线交点A-1和E-1，完成柱子的创建。

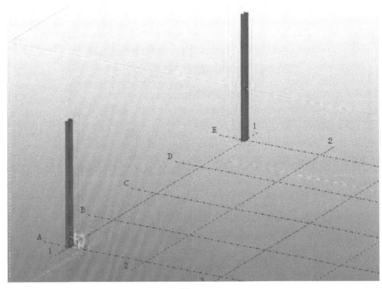

图1-9

二、创建梁并调整属性

双击梁图标 █████████████ ，添加梁。打开后按照图1-10输入数据，设置好梁属性后，点击【修改】、【应用】并【确认】。

在如图1-11所示的地方创建梁，利用梁命令时，要用鼠标左键点取创建好的两个柱子顶部端点，完成图1-11中相应位置梁的绘制。

图1-10　梁的属性

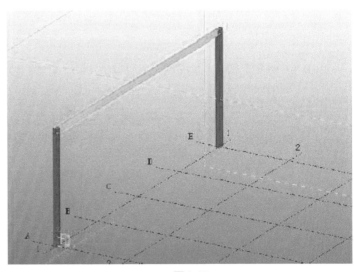

图1-11

三、线性的复制

按住鼠标左键，从左到右，选取图1-12的柱和梁。当所选择的柱子和梁【高亮】时，点击鼠标右键，如图1-13所示。

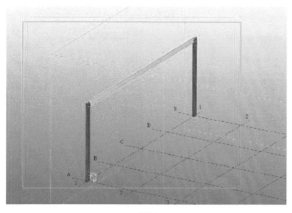

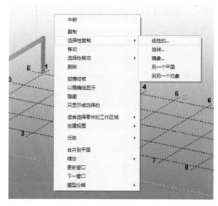

图1-12 图1-13

点击【选择性复制】→【线性的…】，填入如图1-14所示的数据，根据复制需求，设置好复制份数及相应间距，利用鼠标左键点击【复制】、【确认】。

线性的复制工作完成，效果如图1-15所示。点击【Esc】键，中断命令。

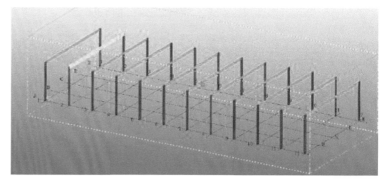

图1-14 图1-15

点击【Ctrl+P】键，进行3D和2D视图切换，如图1-16所示。

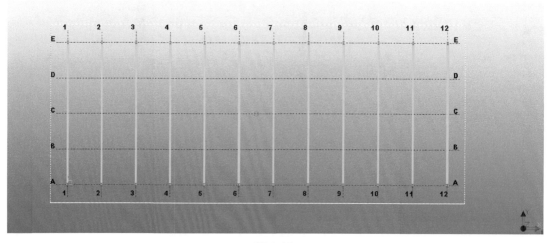

图1-16

任务三　细部处理

一、柱脚组件细部节点

在软件的工具栏中，选择放大镜图标 ，打开组件目录，如图1-17所示。

图1-17　组件目录

在图1-17中，输入1014；查找加劲肋底板，如图1-18所示。选择模型中轴线交点A-1处的柱子，再点击第一个柱子的底部中点，在选择的时候注意看左下角的汉语提示。最终的柱子加劲肋底板如图1-19所示。

加劲肋底板（1014）

图1-18

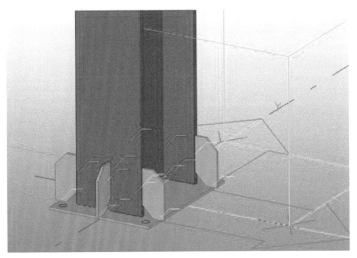

图1-19

点击【Ctrl+R】对视图进行旋转，旋转到如图1-20所示的位置。将会看到一个黄色的锥形体，这表示螺栓孔有错误。双击黄色的锥形体，弹出一个对话框，如图1-21所示。

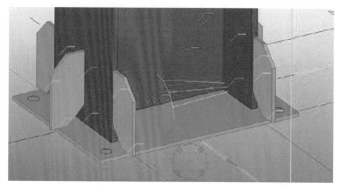

图 1-20

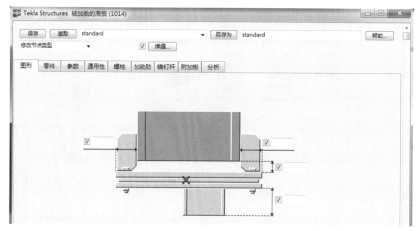

图 1-21

选择【螺栓】选项，按图1-22所示填写，并按图1-23进行数据设置，点击【修改】、

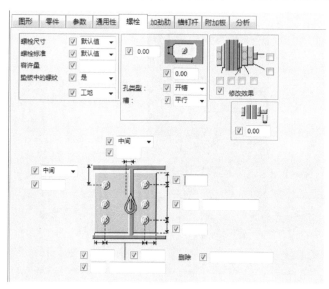

图 1-22

【应用】、【确认】。注意在作图时，要认真检查尺寸数据。如图1-23中，数据50表示螺栓距离底板边缘为50mm，数据800表示螺栓孔之间的间隔尺为800mm。此界面数据的控制对柱脚底板的尺寸也同时进行调控，完成后的效果如图1-24所示。同时黄色的节点符号变成了绿色。

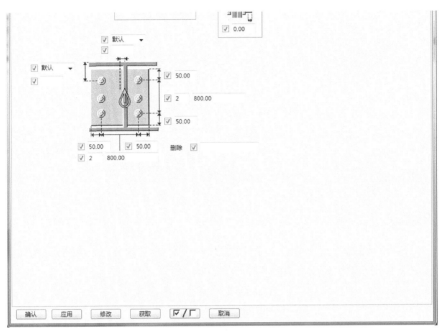

图1-23

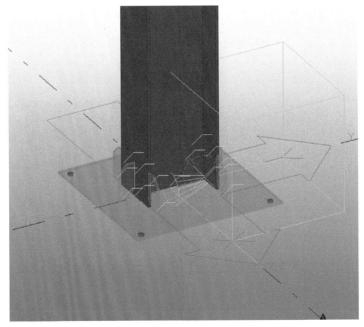

图1-24

如图1-25所示，点击节点设置中【加劲肋】选项，可以设置加劲肋的切角尺寸，并且可以选择切角形式。

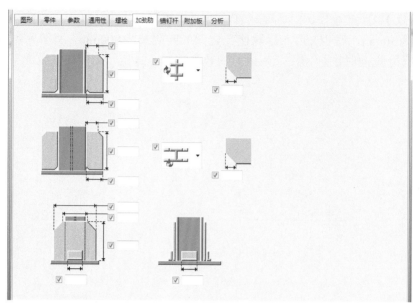

图 1-25

按图1-26的数据填写，点击修改后在模型中可以看到图1-27，非常明显地和其他的加劲板有了变化。当然也可以根据实际情况进行修改。

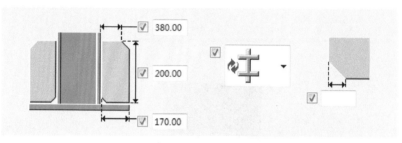

图 1-26

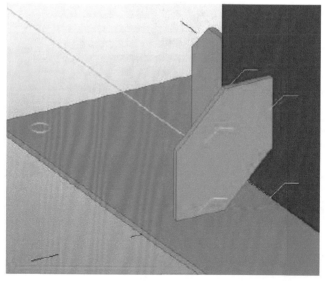

图 1-27

二、梁柱组件细部节点

在工具栏中，选择放大镜图标，查找144，出现端板组件如图1-28所示。选择模型图中第一个轴线上的梁，将它插入到梁柱之间细部节点，先选择模型中①轴与E轴交点处的柱子，再点击相应位置的梁。

图 1-28

在图1-29中双击该端板的节点符号，出现图1-30所示的界面。

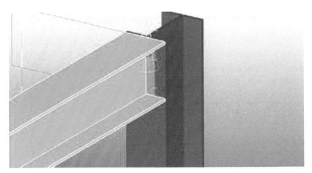

图 1-29

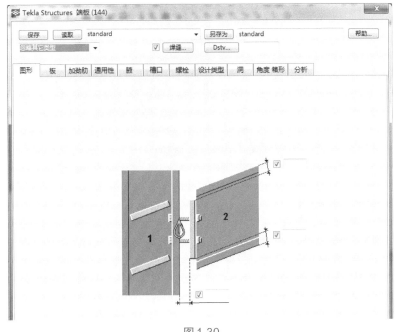

图 1-30

选择图1-30中的【螺栓】选项进行设置。如图1-31所示，选项中的"4"是指有4列螺栓，"2"是指有左右两行螺栓，且距离端部的距离是130mm。

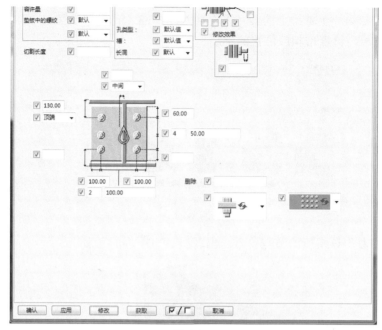

图 1-31

点击【修改】，并点击【确认】，其效果如图1-32所示。

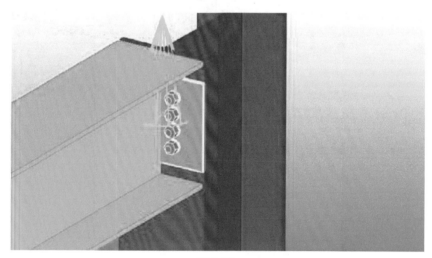

图 1-32

这样端板就修改完成，用户也可以根据自己的需要修改不同的样式。

任务四 板

一、创建板并调整属性

点击工具栏中"生成混凝土板"命令，如图1-33所示。

图 1-33

按图1-34进行数据修改，点击【修改】、【应用】、【确认】。

图 1-34

下一步，按【Ctrl+2】，使整个构件透明，如图1-35所示。

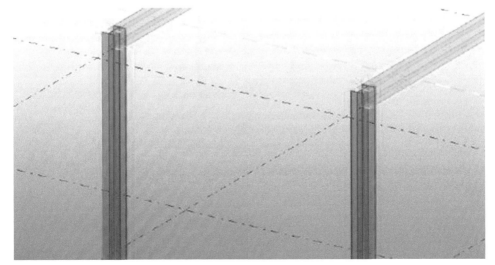

图 1-35

这时，点击捕捉开关图标 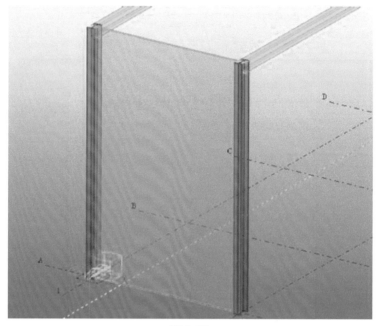，然后开始添加板，整个板添加完的效果如图1-36所示。

图 1-36

再次点击【Ctrl+4】，使其显示为渲染模式如图1-37所示。

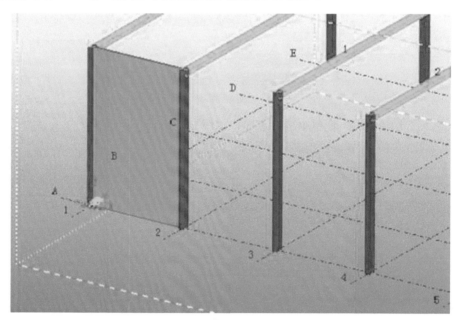

图 1-37

二、板的复制

再次用鼠标左键点击①轴与②轴之间的板，使其高亮如图1-38所示，然后点击右键出现如图1-39所示的菜单。点击【复制】，选择的Ⓐ轴与①轴交点位置作为参照点。

图 1-38   图 1-39

然后点击Ⓐ轴与②轴交点、Ⓐ轴与③轴交点进行复制，如图1-40所示。

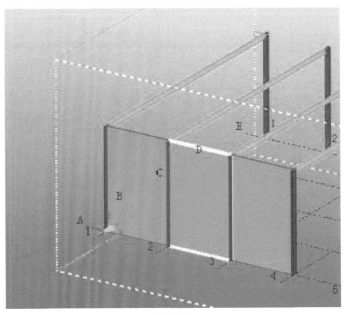

图 1-40

图中只做出一部分板，其余部分，请自行完成。

任务五　创建檩条

一、创建等分的辅助点

在软件工具栏中，点击创建视图图标 ▭ ▯ ▤ ✄ ▱ ▐ ▙ ▊ ▣ ，弹出对话框（图1-41），创建9m标高位置的基本视图，效果如图1-42所示。点击【Ctrl+P】切换到二维视图（图1-43）。

图 1-41

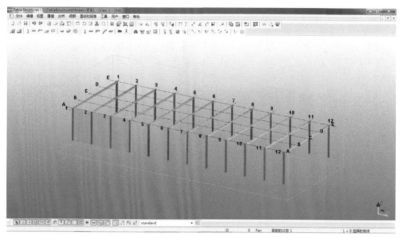

图 1-42

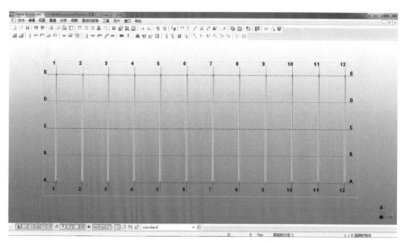

图 1-43

这时开始下一步，在工具栏中点击"在线上增加点"命令，如图1-44所示。在弹出的对话框中填入"点的数量"为"4"，如图1-45所示。

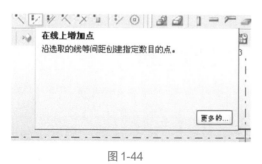

图 1-44   图 1-45

在图1-43中，先点击Ⓔ轴与①轴交点，再点击Ⓓ轴与①轴交点，创建出Ⓔ轴和Ⓓ轴之间的4个等分点，效果如图1-46所示。

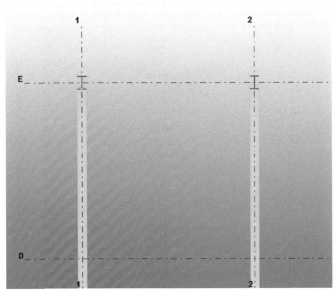

图1-46

二、创建檩条

按【Ctrl+P】将图1-44切换为3D视图，如图1-47所示，这时，选取创建梁选项 ，按照图1-48选择C20作为檩条，并设置属性中数据。

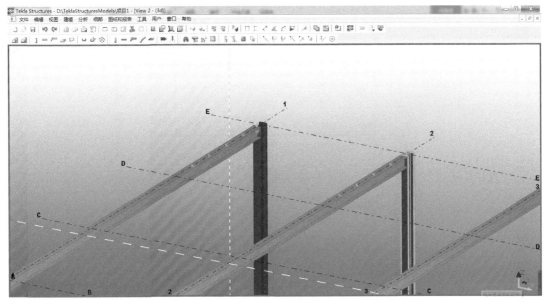

图1-47

设置好属性数据后，点击【应用】、【确认】，出现图1-49梁的属性，再点击【修改】、【应用】、【确认】。

图1-48

图1-49

在3D视图中绘制檩条，效果如图1-50所示。

图1-50

三、檩条的复制

选中图1-50中的一根檩条，使其高亮，点击鼠标右键，如图1-51所示，选择【选择性移动】→【线性的…】，弹出图1-52的对话框，在选项卡中填入数据。

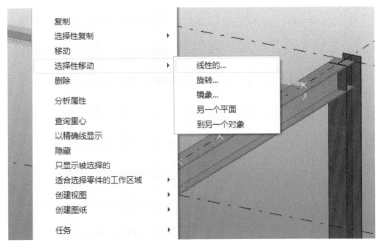

图1-51

图1-52

点击【移动】，并点击【确认】，檩条被移动至梁的上翼缘之上，效果如图1-53所示。

图1-53

再次选中檩条，点击鼠标右键，点击【复制】，如图1-54所示，直接点取刚才图1-47创建的点，最终效果如图1-55所示。

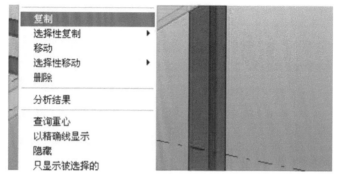

图 1-54

图 1-55

任务六　创建十字支撑

一、运用梁命令创建十字支撑

点击工具栏上梁命令图标 ，在对话框填入图1-56所示的数据。点击

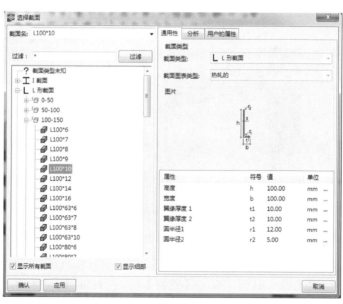

图 1-56

【应用】、【确认】，出现图1-57"梁的属性"对话框，可根据实际选择材质，控制等级颜色。使用【Ctrl+P】把模型的3D视图与2D视图相互进行转换。在创建构件过程中要注意灵活转换，以便于捕捉定位点。

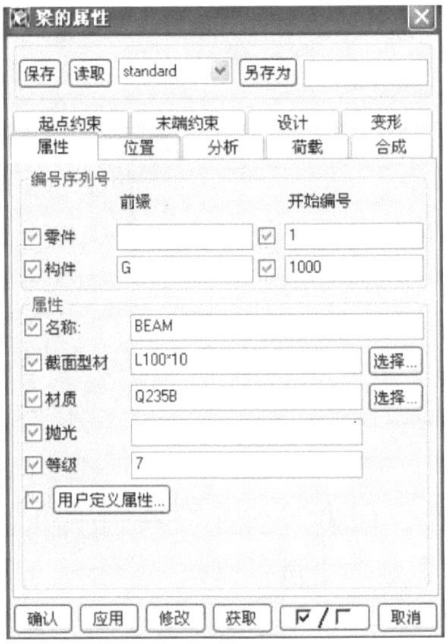

图 1-57

二、创建支撑与位置修改

选择图1-58中轴线交点A-1、C-3创建十字支撑的第一个构件，再选择轴线交点A-3、C-1创建十字支撑的第二个构件。如图1-58所示。

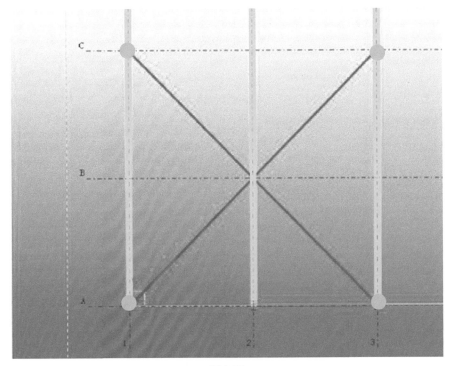

图 1-58

再次换回到3D视图,如图1-59所示。

图1-59

把视图拉近,仔细看图1-60,如果两个面不平行的话,可以双击支撑构件打开图1-61"梁的属性"对话框,在【位置】选项里进行修改。

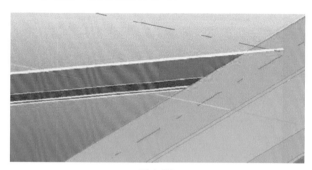

图1-60

图1-61

任务七　抗风柱

一、运用柱命令创建抗风柱

如图 1-62 所示，在Ⓑ、Ⓒ、Ⓓ轴与⑫轴交点处创建抗风柱。

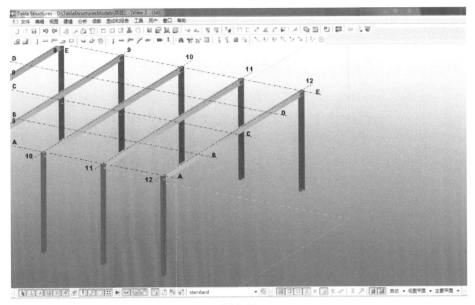

图 1-62

点击【Ctrl+P】，将图 1-62 切换到 2D 视图，同时点击图 1-63 的【窗口】选项，选择【垂直平铺】，效果如图 1-64 所示。

图 1-63

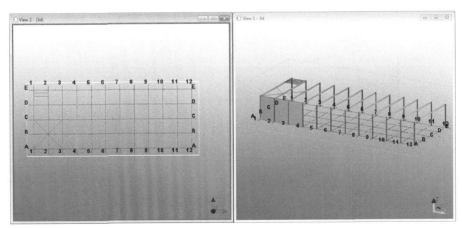

图 1-64

再次点击图1-65中【窗口】选项，选择View1，效果如图1-66所示。

图 1-65

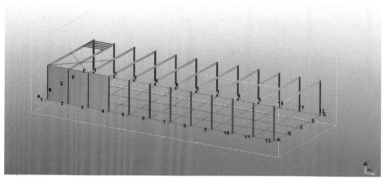

图 1-66

双击柱子图标 ，在图1-68"柱的属性"对话框中选择截面型材，按照图1-67选择截面为HM194×150×6×9，点击【应用】并【确认】，回到图1-68"柱的属性"对话框中。

图 1-67

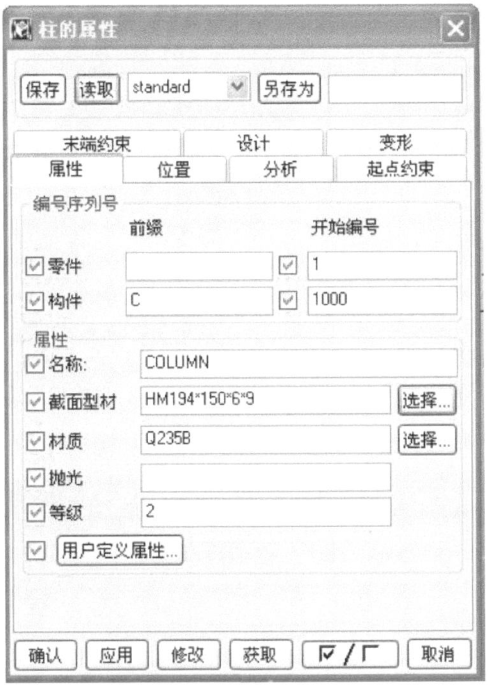

图 1-68

依次点击【修改】、【应用】、【确认】，选择0m标高处⑫轴与⑧、ⓒ、ⓓ轴的交点，如图1-69所示，最终完成了抗风柱的创建。

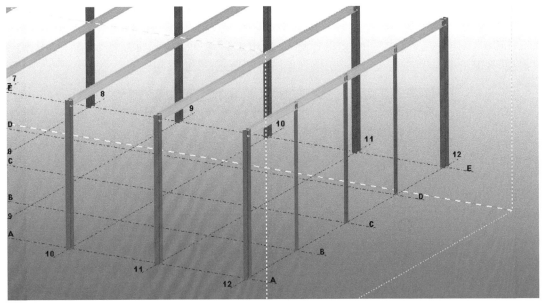

图 1-69

二、创建模型视图

点击图1-70中工具栏的【视图】，选择【创建模型视图】→【沿着轴线…】，弹出图1-71对话框，点击【创建】并【确认】。

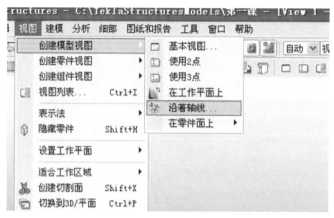

图 1-70

图 1-71

此时弹出图1-72"视图"对话框，选择"GRID1"，并双击鼠标左键，在"可见视图"中出现"GRID 1"。点击【确认】，切换到如图1-73所示的2D视图。

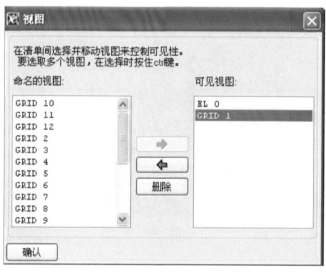

图 1-72

点击柱子图标 ，在0m标高处分别点取Ⓑ、Ⓒ、Ⓓ轴与0m标高的交点。效果如图1-74所示。

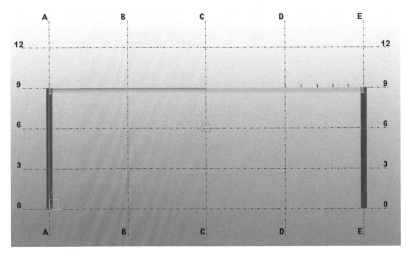

图 1-73

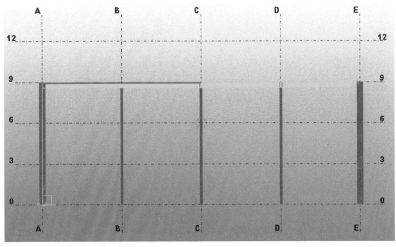

图 1-74

在【窗口】中选择View1-3d，会切换到三维视图，创建模型效果如图1-75所示。

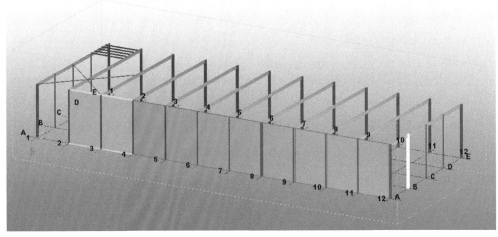

图 1-75

任务八　创建图纸

一、两点创建视图

点击工具栏中"用两点创建视图"图标，如图1-76所示。

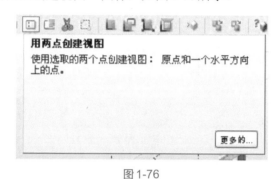

图1-76

点选⑫轴和Ⓐ轴、Ⓔ轴在0m标高处的交点，效果如图1-77所示。

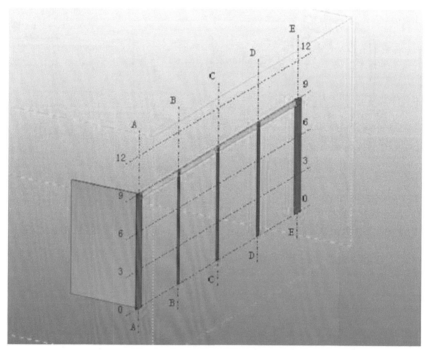

图1-77

点击图1-78的【窗口】选项，选择【垂直平铺】，此时弹出4个视图窗口，如图1-79所示。

图1-78

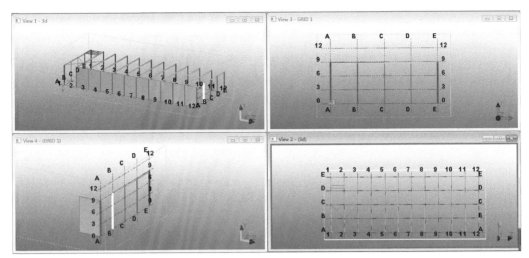

图1-79

双击图1-79中第一个视图，放大，如图1-80所示。

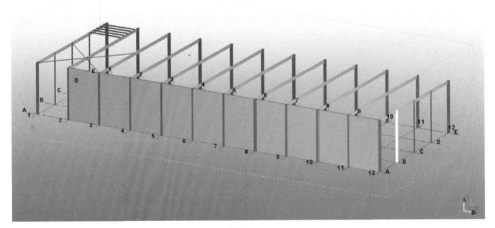

图1-80

重复上面的步骤，点选Ⓐ轴和①轴、⑫轴在0m标高处的交点，效果如图1-81所示。

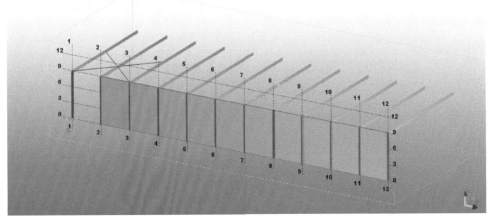

图1-81

二、创建整体布置图

选择软件工具栏中【图纸和报告】下的【创建整体布置图】，如图1-82所示。

在图1-83中选择View-02、View-04，点击【创建】，在"打开图纸"选项前打上"√"，点击【创建】，效果如图1-84所示。可输出整体布置图为CAD格式。

图 1-82

图 1-83

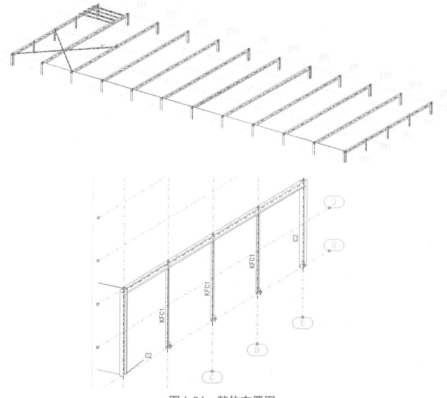

图 1-84　整体布置图

任务九　生成材料表

一、使用报告命令

点击工具栏上的"报告"图标，如图1-85所示。弹出图1-86"报告"对话框。

图1-85　　　　　　　　　　　　　　　　　图1-86

选取"报告模板"中material_list_C.xsr，点击图1-86下方 从已选定的...中创建 ，效果如图1-87所示。

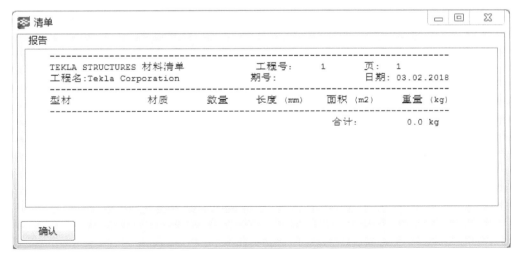

图1-87

二、生成全部材料表

图1-87中的表很简单，是因为没有选中模型中的工程构件，下面重新框选图1-88中的全部工程构件，在图1-86中重新点击 从已选定的...中创建 ，重新生成材料表。此时出现清单如图1-89所示。另一种方法是在图1-90中，直接点击 从全部的...中创建 ，此时默认可视的三维模型全部工程构件列出清单报告。

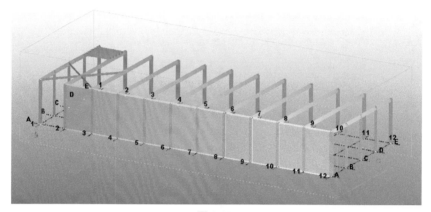

图1-88

TEKLA STRUCTURES 材料清单		工程号：	1	页：	1
工程名:Tekla Corporation		期号：		日期：	03.02.2018
型材	材质	数量	长度（mm）	面积（m2）	重量（kg）
100*6000	C15	10	9000	111.0	13500.0
			90000	1110.0	135000.0
C20	Q235B	5	6000	3.9	154.6
			30000	19.7	773.1
HM194*160*6*9	Q235B	7	9000	8.8	269.2
			63000	61.5	1884.7
HM390*300*10*16	Q235B	1	23770	46.6	2486.4
HM390*300*10*16	Q235B	11	24000	47.0	2510.4
			287770	564.0	30101.1
HM440*300*11*18	Q235B	1	8990	18.5	1086.0
HM440*300*11*18	Q235B	23	9000	18.5	1087.2
			215990	444.5	26092.4
L100*10	Q235B	2	16971	6.7	256.6
			33941	13.3	513.2
				合计：	194364.5 kg

确认

图1-89

图1-90

进一步灵活利用项目中介绍的命令绘制模型，把模型修改完善成图1-91的样式。

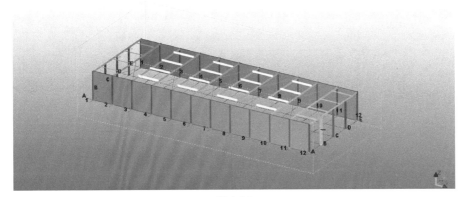

图1-91

总结

本项目通过一个简单的工业厂房项目重点讲授建立三维轴网、创建结构柱并设置结构柱属性、位置；添加结构梁并设置梁属性、位置；添加柱脚节点和梁柱连接节点，并进行参数修改；创建整体布置图、生成完整的材料清单报表。

能力训练题

应用Tekla Structures软件，进行工业厂房简易三维模型创建并且生成材料表，具体要求如下。

1. 轴线创建，轴线尺寸为 X：0.00　3×5000；Y：0.00　2×6000；Z：0.00　6000。
2. 创建柱子和梁，柱子 HW502×470×20×25，梁 HM340×250×9×14。
3. 细部处理，模型中添加柱脚节点和梁柱连接节点。
4. 用钢板PL12，完成①、②、③、④轴与Ⓐ轴相交的一个立面。
5. 创建檩条C10，铺设在屋面，请自行设计。
6. 创建十字支撑，任意屋面或立面添加一处，采用型材截面为L70×8。
7. 创建抗风柱HM148×100×6×9，假设在Ⓑ轴与Ⓐ轴交点处。
8. 生成材料表，模型全部材料均采用Q235B。

项目二　变截面门式钢架行车厂房

 能力目标

1. 能对门式钢架行车厂房模型中各个构件进行创建。
2. 会熟练操作尺寸的录入、型号的选择。
3. 能对零件、构件进行编号，会创建清单报表文件。
4. 会出零件图、构件图、现场安装图。
5. 能对图纸列表进行管理，会图纸输出打印。

 知识目标

1. 熟悉平面视图与3D视图的熟练转换。
2. 掌握用多边形板或型钢法创建变截面梁。
3. 掌握对螺栓、柱脚节点尺寸、型号的准确录入。
4. 掌握檩条复制、旋转操作，创建檩条节点及拉条。
5. 掌握附属结构中椭圆形孔及天沟的创建。
6. 掌握零件、构件的编号，创建清单报表文件。
7. 掌握零件图、构件图、现场安装图出图。

项目描述

　　建立一个30吨重的变截面门式钢架行车厂房模型，模型中包含钢柱、变截面梁、1003号加劲节点、1047号柱脚底板节点、檩条、拉条、板、螺栓、附属结构等。对零件、构件进行编号，进行出图实战。

 学习建议

　　1.要认真完成每一项任务训练，完成任务可以增长Tekla Structures 软件应用技能，更能增加自身的成就感。

　　2.可以分组协作，分工、快速完成本项目整体任务；充分发挥小组智慧，重复训练，提升速度与准确度。

　　3.完成任务过程中，要做好问题记录，同时注意收集相关学习资料。

　　4.对于命令的运用要做到熟练掌握，上手不再感到困难，对于容易遗忘的技巧要自主摸索，进行总结。

　　5.对布置的能力训练题建议独立完成，逐步提高建模与出图水平。

任务一　轴线的创建

一、轴线对话框的坐标与标签

　　在项目建模过程中，准确进行轴线创建非常重要，需要理解好轴线对话框中的坐标与标签的设置规则。

　　（1）坐标

　　X、Y 相对坐标；输入这一根轴线到上一根轴线的相对距离以空格分开；Z 绝对坐标；直接输入绝对距离。

　　坐标
　　☑ X
　　☑ Y
　　☑ Z

　　（2）标签：一根轴线对应一个标签。

　　标签
　　☑ X
　　☑ Y
　　☑ Z

二、轴线对话框常规按钮介绍

在轴线对话框中 [创建] [修改] [获取] [☑/☐] [关闭] 是软件的常规按钮，按钮详细介绍如下：

[修改] ：将选定的对象修改成属性对话框中的值。一定要选定对象，再修改。

[创建] ：按照属性对话框中的参数去新建一个对象。不要重复创建。

[获取] ：将选中对象的参数读取到对话框中。一定要选定对象。

[关闭] ：关闭。

[☑/☐] ：全选。

[另存为] ：如果这个属性对话框中的内容以后还有需要，可以把它另存为一个名字。

三、成角度轴线的创建

先确定轴网原点的位置→过原点画一条辅助线→旋转至需要的角度→用3点设置工作平面 📖 →用常规轴线法在新工作平面上创建。

右手法则指示坐标轴的方向。伸出右手的拇指、食指及中指组成三个直角，此时，拇指就表示X轴，食指表示Y轴，中指表示Z轴。如图2-1所示。

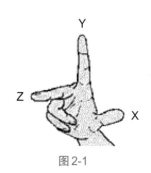

图2-1

四、创建常规轴线总结

第一步：确定原点位置；
第二步：确定X方向和Y方向；
第三步：按照图纸输入参数；
第四步：修改或新建轴线。

五、圆弧轴线的创建

组件目录→插件→选择"Radial Grid"→选定圆心→创建圆弧轴线。

任务二　视图的创建及钢柱的创建

一、轴线视图的创建

（1）沿轴线创建视图
选中轴线→右键→创建视图→沿轴线生成视图。
（2）快捷键：
Ctrl+P=平面与3D切换；
按住Ctrl+中键=旋转视图。
点击工具栏上的图标 📋 （视图列表）→打开和关闭视图→最多打开九个可见视图，如图2-2所示。

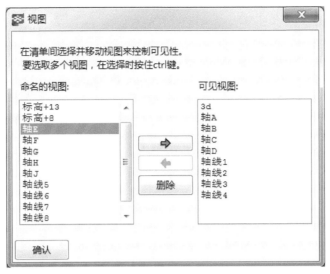

图2-2

创建视图只需要操作一次即可，否则会出现重复创建、混乱无序。

二、钢柱的创建

用梁命令采用常规五步建模法创建柱，这样会让柱有两个控制点，利于建模后续操作。

第一步：找平面，在【窗口】下找到要绘图的平面。

第二步：把第一步找到的平面设置为工作平面；点击图2-3中"将工作平面设置为平行于视图平面"。

图2-3

第三步：填好梁的属性，一般要注意规格和材质一定不能填错，按图2-4进行填写，其中"等级"填入的数据代表不同的颜色，如图2-5所示。

图2-4

零件的颜色设置

使用**等级**值可以更改零件的颜色。

等级	颜色	
1	▭	浅灰
2 或 0	▭	红色
3	▭	绿色
4	▭	蓝色
5	▭	青绿色
6	▭	黄色

7	▭	红紫色
8	▭	灰色
9	▭	玫瑰红色
10	▭	水银色
11	▭	浅绿色
12	▭	粉红色
13	▭	橘黄色
14	▭	淡蓝色

图 2-5

第四步：找到零件的起点和终点位置。

第五步：调节零件的三种位置关系。

三、零件的三种位置关系

第一种位置关系，旋转，相对 H 型钢，腹板面向我们为前面，翼缘面向我们为顶面；相对板来说，厚度面向我们为顶面，宽度面向我们为前面。

第二种位置关系，平面，以起点指向终点的方向为人的前进方向，左手边为左边，继续往左偏移为正，反之为负；右手边为右边，继续往右偏移为正，反之为负。

第三种位置关系，深度，以第一步打开的平面为界面，靠近我们的一侧为前面，远离我们的一侧为后面，选择前面时继续往前偏移为正。

对零件的位置关系进行理解并记忆，如图 2-6 所示。

图 2-6

任务三　板的创建及1003号节点

一、板的创建

用梁命令创建板时，根据图纸尺寸选择板的截面PL（宽度×厚度），创建好图2-7中的1号板、2号板后，用无辅助点法创建图2-7中3号板。

当启动一个需要选择点的命令时，只要按住Ctrl键，这时拾取的点将作为临时基准点，松开Ctrl键时，选择的点为正式点。

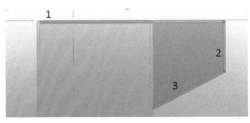

图2-7

二、应用多边形板命令

画圆板：做辅助圆→启动多边形板命令→做任意在圆上的四边形→对上、下对角的点进行倒角。

注意：圆不能画得太大。

如何选中控制点：选中零件→按住Alt框选点。

如何倒角：按Alt+Enter→弹出选定对象的属性对话框→倒角（选择半圆形）。

如何给多边形增加/减少边：细部→编辑多边形可以通过它增加或删除多边形控制点。

两点创建视图，位置如图2-8所示，向下为视图方向，所以从右向左选取剖面图的创建点。

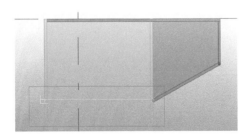

图2-8

用多边形板命令绘制出图2-9中红色的两块钢板。

图2-9

另一种方法是，用1003号节点做加劲板，如图2-10所示。

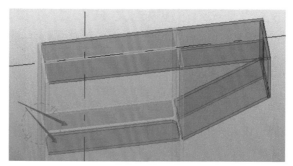

图2-10

三、1003号节点加劲板细部的应用

选择对象后，拾取点直接创建，创建以板的中心为控制点，如图2-10中箭头处两块板，可根据工程实际调控节点位置。细部的应用如图2-11～图2-13所示，根据CAD图或实际需要填入设计数据。

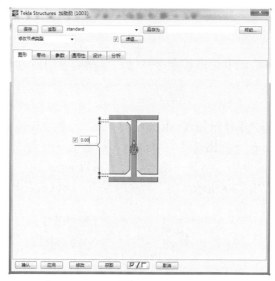

图2-11

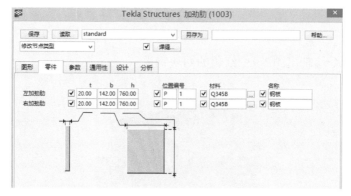

图2-12

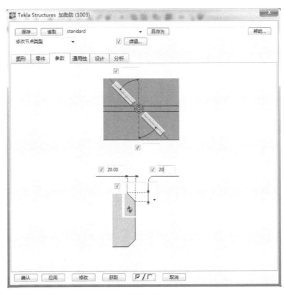

图2-13

四、零件的四种切割方式

① 对齐零件边缘：将零件对齐到两点确定的平面上，多切少补。

② 线切割：将一个零件切割成两部分，可以自由选择要留下的一部分。

③ 多边形切割：多边形切割的厚度和位置决定切割的深度，位于多边形切割以内的部分被切割掉，用于零件焊缝坡口的创建。

④ 零件切割零件：用一个零件切割另一个零件，要先选被切割的零件，再选切割它的零件。

注意：多边形切割和多边形板一样可以对控制点进行倒角，比如可以用此命令做环形板。

任务四　变截面梁的创建及螺栓的创建

一、三块板创建钢梁

按照工程图纸可在需要的位置创建辅助线，按照无辅助点法建立钢梁上下翼缘板，再用多边形板命令绘制出变截面梁的腹板，如图2-14所示。

图2-14

二、型钢法创建变截面梁

用型钢法创建变截面梁，利于出钢结构组立图，也利于做节点。

第一步：创建上翼缘面和下翼缘面的辅助线。

第二步：应用代号为PHI的截面创建梁，PHI截面高度值为H_1与H_2，其中H_1值为起点到下翼缘线的垂直距离，H_2值为终点到下翼缘线的垂直距离。

第三步：选择性移动到另一个平面，如图2-15所示。

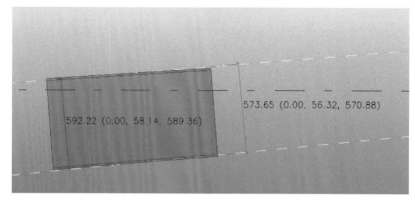

图2-15

第四步：用对齐零件边缘命令将变截面两端延长至图2-16效果。

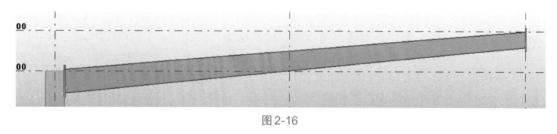

图2-16

三、螺栓的创建

启动命令→连续选择打螺栓的对象→按鼠标滑轮中间键结束选择→选取螺栓创建部件起点与终点→弹出螺栓属性→调整参数，如图2-17所示。

用螺栓命令做孔，椭圆孔=螺栓尺寸+容许误差+长孔尺寸，可以做任意大小的孔。

图2-17

任务五　1047号柱脚节点

一、1047号柱脚细部的创建

打开工具栏中组件目录→输入1047→查找→美国底板→双击应用→选择创建柱脚的对象→选择创建位置→创建成功。

对1047号柱脚双击，会弹出柱脚细部的对话框，如图2-18～图2-22所示，根据需要进行参数填写。

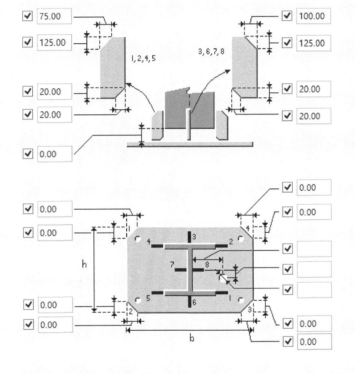

图 2-18

图 2-19

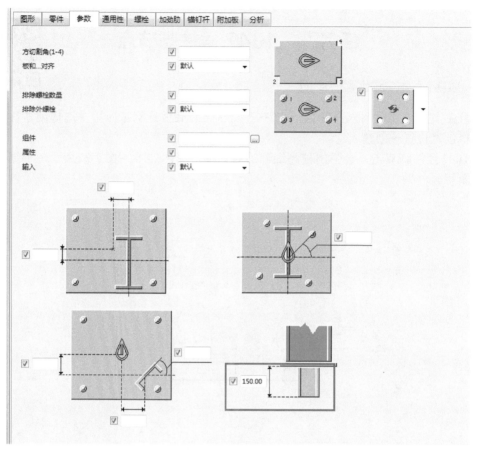

图 2-20

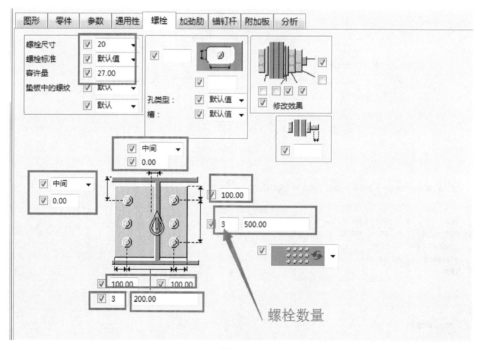

图 2-21

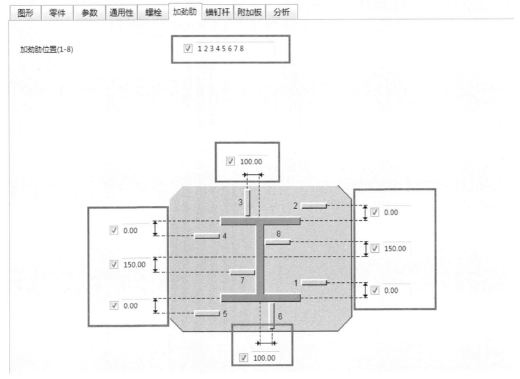

图 2-22

二、镜像

一定要在工作平面上进行，设定当前平面为工作平面，节点镜像前要炸开，如图 2-23 所示，再进行局部加劲板的镜像操作。

选中对象→右键→选择性复制→镜像→选择中心线→完成镜像。

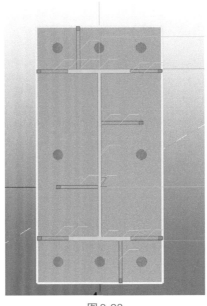

图 2-23

任务六　构件的定义及檩条的创建

一、构件的定义及焊缝的创建

零件和构件的定义如下。

在车间用焊接将零件组合在一块叫构件，在车间没有焊接的零件既是零件又是构件，所以构件中零件的数量大于等于1。

构件＝主零件（有且仅有1个）＋次零件。

主零件对构件的影响：构件编号的前缀等于主零件的构件前缀，构件的名称为主零件的名称，构件的前视图为主零件的前视图方向。

在创建焊缝时，先选择的是主零件，后选择的是次零件。

处理构件的几种情况：把选中的零件设置为构件的主零件；把选中的零件增加到某一个构件；将选定的零件从构件中删除。

镜像复制的补充：设置工作平面；检查焊缝，使用Alt键单击构件；如果镜像复制节点里的内容一定要先炸开节点。

线性复制：将选定的对象沿着起点指向终点的方向等间距复制所需要的份数。

起点到终点只是确定复制的方向和间距，复制后效果如图2-24所示。

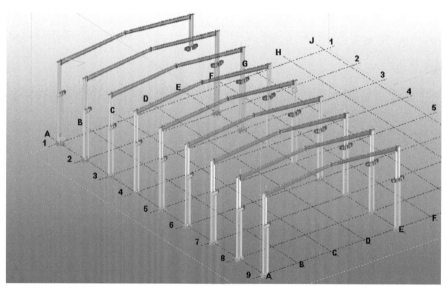

图2-24

注意：线性复制前也要检查焊缝。

二、檩条的创建

进一步巩固五步基本建模法的应用思路：用两点找平面→设置工作平面→设置檩条属性→从绘制檩条起点至终点→调整位置。

工作平面的理解及其对建模的影响：

① 工作平面会影响轴线的原点位置和X方向。

② 工作平面会影响到零件的旋转位置（零件的旋转位置是基于工作平面确定的）。

③ 镜像复制是基于工作平面进行的。

工作平面的数量始终等于1，而视图平面的数量是由用户创建的数量决定。

重新理解零件的三种位置关系：

① 平面位置：以起点指向终点的这条线为基准分为左边、中间、右边。

② 旋转位置：以设置的工作平面为基准，分为前面的、顶面、后面、下部。

③ 深度位置：以第一步打开的视图平面为界，分为中间、前面的、后部。

任务七　1号檩条节点及拉条的创建

一、1号节点创建檩条节点

单击软件界面【细部】→组成→节点对话框→输入"1"→查找→冷弯卷边搭接的节点→双击该节点。按图2-25～图2-28所示进行数据输入。

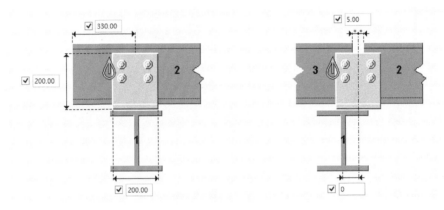

图 2-25

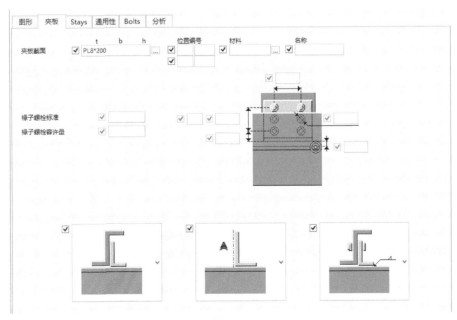

图 2-26

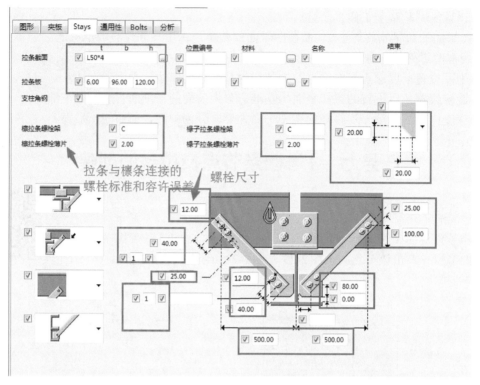

图 2-27

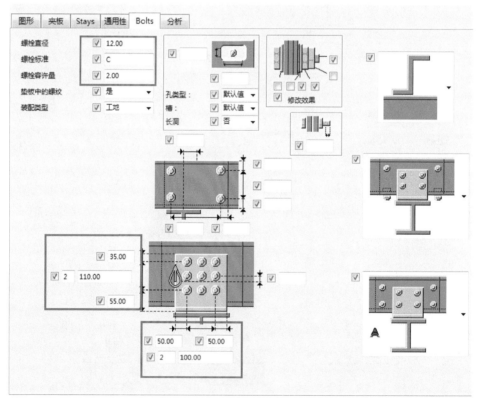

图 2-28

节点不能复制，需要把图2-29中一排檩条节点手动全部完成。

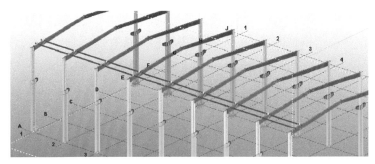

图2-29

在1号檩条节点中可设置隔撑形式，如需要复制檩条与其连接节点，必须要先炸开节点才可以，复制后效果如图2-30所示。

图2-30

二、拉条的创建

灵活运用辅助点和辅助线，才能在需要位置创建好拉条。

创建拉条：找平面→做辅助点和辅助线→画折形拉条→画直管→画撑管。利用工具条中"增加与两个选取点平行的点"命令，如图2-31所示，准确绘制辅助点。用创建折形梁或创建梁命令进行拉条绘制。

图2-31

任务八　附属结构的创建

一、椭圆孔的创建

用工具栏中螺栓命令做孔，椭圆孔=螺栓尺寸+容许误差+长孔尺寸。

二、天沟的创建

首先使用工具栏中多边形板命令绘制出天沟形状，在软件界面点击【建模】→截面型材→用板定义横截面→弹出型钢截面对话框，如图2-32所示。

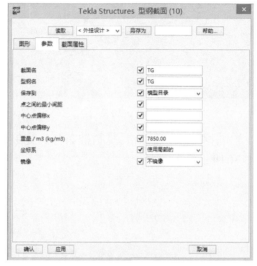

图2-32

按图2-32设置好相应参数，点击【应用】，然后【确认】，启动梁命令，可以在截面型材下找到新生成的TG截面，再根据图纸需要绘制出天沟。

总结

（1）右手法则　指示坐标轴的方向。伸出右手的拇指、食指以及中指组成三个直角，此时，拇指就表示X轴，食指表示Y轴，中指表示Z轴。

（2）零件的三种位置关系

① 第一种位置关系：旋转。相对H型钢，腹板面向我们为前面，翼缘面向我们为顶面；相对板来说，厚度面向我们为顶面，宽度面向我们为前面。

② 第二种位置关系：平面。以起点指向终点的方向为人的前进方向，左手边为左边，继续往左偏移为正，反之为负；右手边为右边，继续往右偏移为正，反之为负。

③ 第三种位置关系：深度。以第一步打开的平面为界面，靠近我们的一侧为前面，远离我们的一侧为后面，选择前面时继续往前偏移为正。

（3）用多边形板命令画圆形板

① 选中零件——按住Alt框选点，Alt+Enter=弹出选定对象的属性对话框。

② 细部——编辑多边形可以通过它增加或删除多边形控制点，给多边形增加或减少边。

（4）零件的四种切割方式

① 对齐零件边缘：将零件对齐到两点确定的平面上，多切少补。

② 线切割：将一个零件切割成两部分，可以自由选择要留下的一部分。

③ 多边形切割：多边形切割的厚度和位置决定切割的深度，位于多边形切割以内的部分被切割掉，用于零件焊缝坡口的创建。

④ 零件切割零件。

（5）钢柱构件图出图过程

① 图纸的属性的调整；

② 整理水平尺寸，增加尺寸点；

③ 整理垂直尺寸；

④ 整理零件和孔的标记；

⑤ 根据需要创建剖面图；

⑥ 打开下一张图纸。

能力训练题

应用Tekla Structures软件，进行"行车厂房局部加强牛腿柱"项目（图2-33、图2-34）的三维模型创建并且生成材料表，具体要求如下：

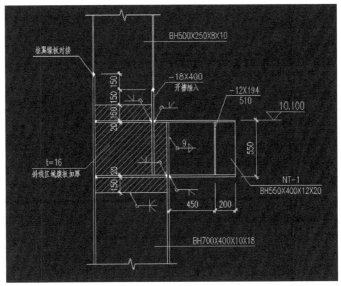

图2-33

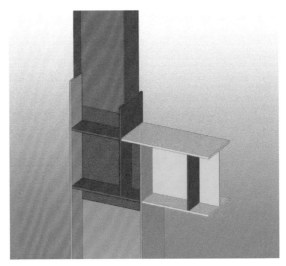

图2-34

1.轴线与视图创建：根据模型需要进行分析并建立定位轴线和相应的模型视图，材料Q235B，颜色自定义。

2.创建模型主要构件：BH700×400×10×18、BH550×400×12×20、BH500×250×8×10。

3.创建−12×194×510加筋板2块。

4.创建−18×400板开槽插入。

5.完成大柱BH700×400×10×18与小柱BH500×250×8×10翼缘板对接。

6.完成图2-33中斜线区域柱腹板加厚，厚度为16mm。

7.生成材料表。

项目三　轻型钢结构建筑

 能力目标

1. 会灵活创建特殊位置单根轴线，并能够进行复制旋转。
2. 会调整模型与工作区域不适应的情况。
3. 能对轴线、构件的选取、属性的录入、细微构件的添加做到熟练操作。
4. 能够创建图纸、会创建整体布置图，生成材料表报告。
5. 能准确地根据CAD图纸内容，建立轻型钢结构建筑Tekla Structures模型。

 知识目标

1. 了解创建单个轴线，熟悉增加轴线操作流程。
2. 熟悉柱子创建及属性与位置设置。
3. 掌握辅助线运用，准确定位模型中细微构件或特殊结构。
4. 掌握柱脚节点、角钢夹板等细部节点的使用方法。
5. 掌握曲梁、折形梁创建方法及在轻型钢结构中的应用。
6. 掌握创建图纸、进行轻型钢结构建筑模型出图。

项目描述

　　建立一个外形呈圆柱形状的轻型钢结构建筑模型，此模型由HM型钢柱、圆截面柱、HM型钢梁、细部柱脚节点、角钢夹板节点、曲梁、折形梁等构件通过搭配衔接组合而成。

 学习建议

　　1.对于某些不熟悉的操作，要做到仔细思考、回想；对于未了解的操作，要学习摸索，自主掌握。

　　2.对于学习过和已掌握过的知识多练习操作，要及时做好记录整理。

　　3.对布置的作业建议独立完成，逐步提高轻型钢结构建筑建模水平。

　　4.对于轻型钢结构建筑的构件中一些细微部分，要有钻研的精神，确保搭建位置、尺寸的准确。

任务一　基本建模参数

一、新建项目

启动 Tekla Structures 软件，在登录界面许可证处选择钢结构深化，如图3-1所示。

图3-1

进入程序，为文件命名，点击【确认】，进入绘图区域，如图3-2所示。

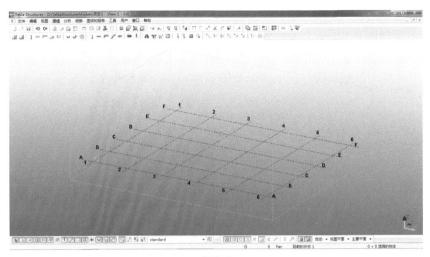

图 3-2

二、轴线的创建

按住【Ctrl+P】切换到 2D 视图（图 3-3），建立出普通轴网：X 方向轴线间距与 Y 方向轴线间距相等且均为 10000mm。

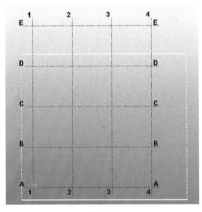

图 3-3

打开如图 3-4 所示的工具栏。

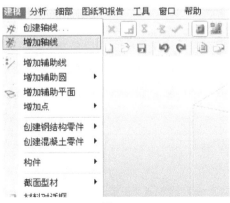

图 3-4

选择【增加轴线】，就会出现一个绿色的十字光标，并且界面左下角会出现一个"选取目标"的提示，如图3-5所示。当看到这个提示后，选择Ⓐ轴线，这时，把光标移动到Ⓐ轴与①轴的交点，会出现一个方形的捕捉提示，此时按下鼠标左键点击该点；再次移动光标到Ⓑ轴与②轴的交点，左键点击，出现一条新的轴线，如图3-6所示。

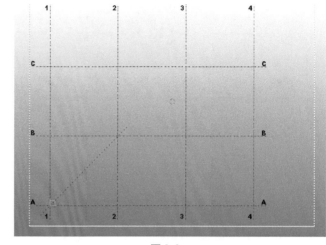

图3-5   图3-6

这时，要把该新创建的轴线进行旋转、复制，具体操作如下。

激活轴线选项"选择轴线"，点击选取刚才创建的轴线，并且点击鼠标右键，按图3-7所示进行选择，【选择性复制】→【旋转…】，弹出"复制—旋转"对话框。在对话框中填入数据，如图3-8所示。

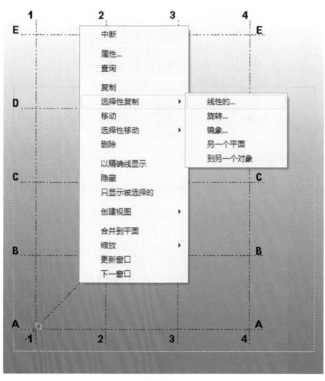

图3-7

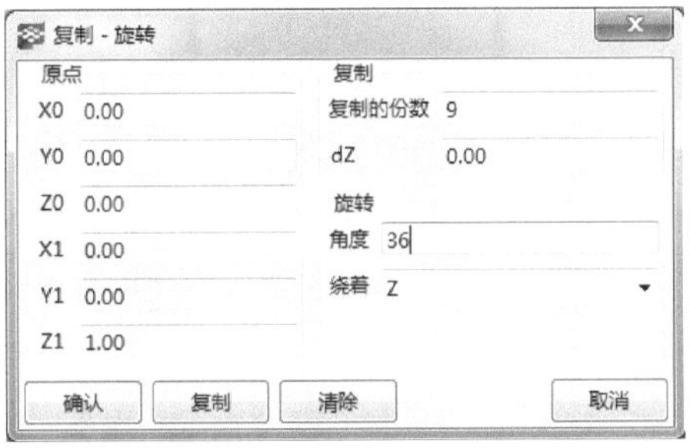

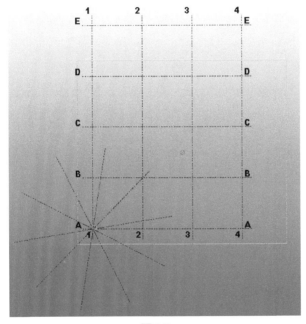

图 3-8

点击【复制】，然后【确认】。查看视图中复制后的图画，如图 3-9 所示。

图 3-9

切换到 3D 视图，如图 3-10 所示。这时点击背景空白的地方，右键选择【适合工作区域到整个模型】（图 3-11）。

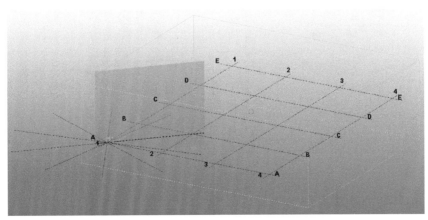

图 3-10

图 3-11

最终效果如图3-12所示。

图 3-12

任务二　搭建模型柱子

一、创建H形截面柱子

双击工具栏上创建柱子图标 ，弹出"柱的属性"对话框，输入数据，如图3-13、图3-14所示。

图 3-13

图 3-14

在图3-15所示位置创建柱子。

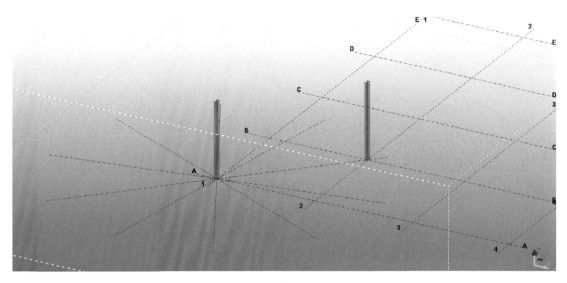

图3-15

选中右侧的柱子，双击其进行修改，如图3-16、图3-17所示。

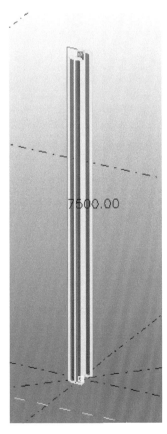

图3-16

图3-17

点击【修改】、【应用】，然后【确认】，可以看修改后的图形效果如图3-18所示。

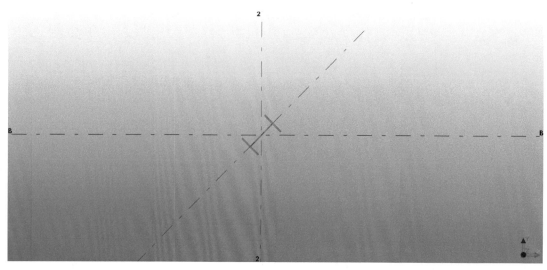

图 3-18

切换到3D视图，修改后的柱子如图3-19所示。

修改中间的原点位置的柱子。双击柱子，修改柱的属性如图3-20所示。

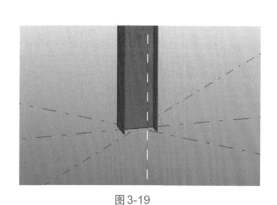

图 3-19

图 3-20

二、创建圆截面柱子

直接创建圆截面柱子：双击工具栏中创建柱命令→柱的属性→截面型材→选择。

在"选择截面"对话框中，选择圆截面D，并输入直径数据400mm，如图3-21所示。

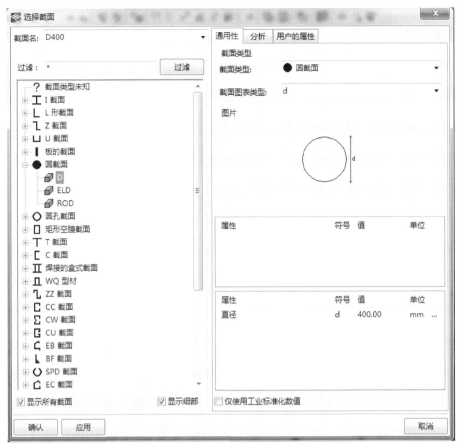

图 3-21

点击【应用】并【确认】，然后应用创建柱选取坐标轴原点，完成圆截面柱子创建，如图 3-22 所示。

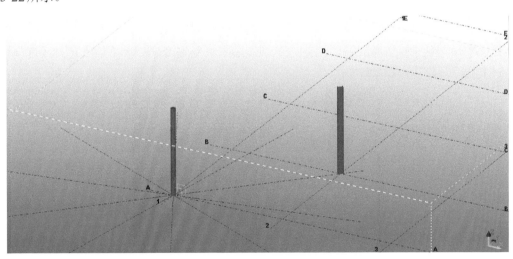

图 3-22

对轴线的编号：点取第一次创建的轴线（注意是双击），按图 3-23 所示填写，并点击【修改】、【应用】并【确认】即可，如图 3-24 所示。

图 3-23

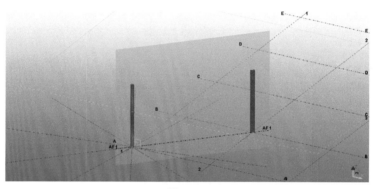

图 3-24

按上述方法，可以修改其他轴线的编号（剩余的编号请自行完成）。

选择Ⓑ轴与②轴交点处的H型钢柱子，使其高亮，这时点击鼠标右键，选择【选择性复制】→【旋转…】，如图3-25所示。

图 3-25

在对话框中填入如图3-26的数据。

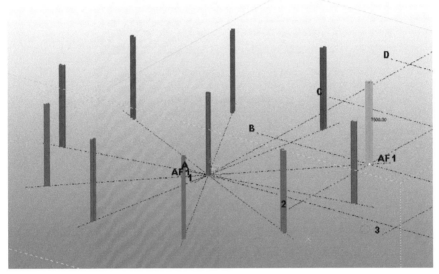

图 3-26

点击【复制】并【确认】，三维效果如图3-27所示，二维效果如图3-28所示。

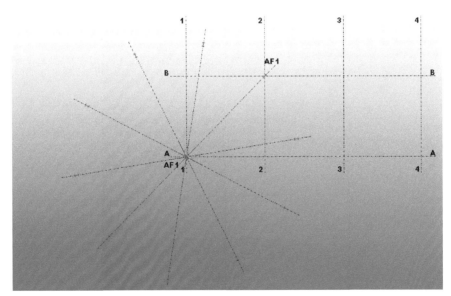

图 3-27

图 3-28

任务三　搭建梁

一、创建直梁

点击"创建基本模型视图"图标，如图3-29所示。在弹出的对话框里，填入如图3-30所示的数据。

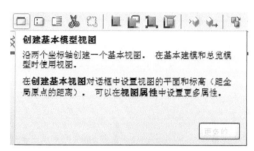

图 3-29

图 3-30

点击创建梁图标 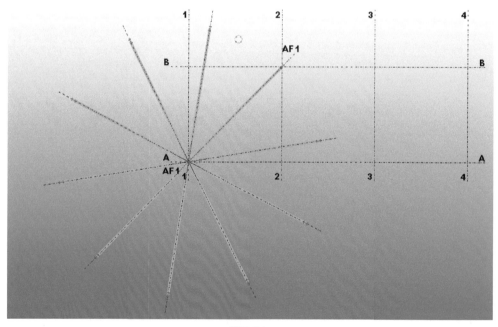，从原点向每一个柱的中心点绘制出梁，如图3-31所示。按【Ctrl+P】切换到三维视图，效果如图3-32所示。

图 3-31

图 3-32

二、创建曲梁

切换到 2D 视图，点击曲梁图标 ▮－▰◢▱◥，创建曲梁。在弹出的对话框里，按照如图 3-33 所示的数据输入。

图 3-33

按照图3-34点击绘制曲梁。效果如图3-35所示。必须捕捉三个定位点来完成一段曲梁的创建，图3-34中为五段曲梁。

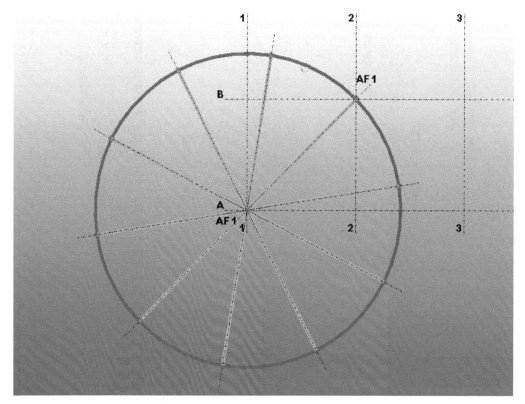

图3-34

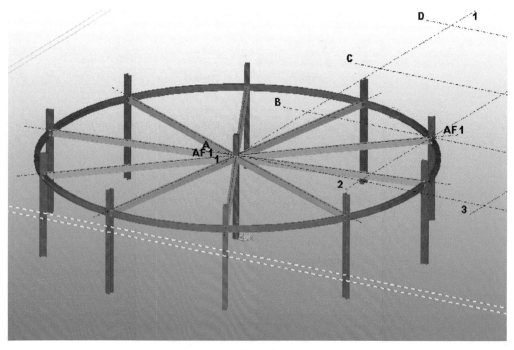

图3-35

任务四　特殊结构搭建

一、特殊部位绘制

点击工具栏中创建视图图标 ，在弹出的对话框里，按照如图3-36所示的数据输入，并点击【创建】，如图3-37所示。

图 3-36

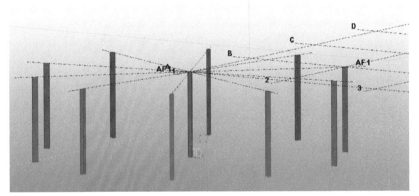

图 3-37

切换到2D视图（图3-38），用工具栏中创建梁命令，选定轴线⑥上H型钢柱中心作为起点，这时直接输入数据（图3-39），点击【确认】，效果如图3-40、图3-41所示，完成柱上特殊部位直梁的搭建。

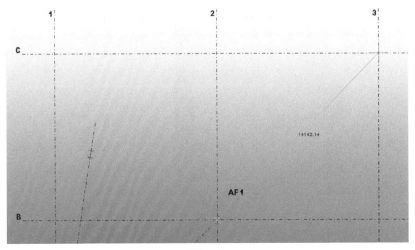

图 3-38

图 3-39

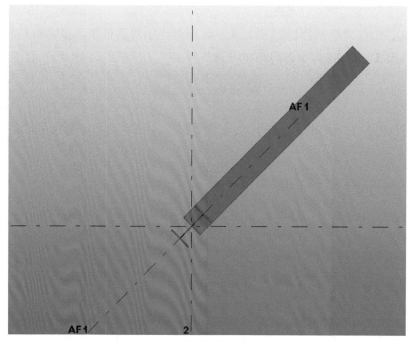

图 3-40

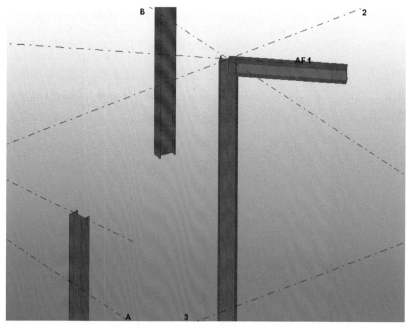

图 3-41

　　选择刚创建的直梁，点击右键进行复制，按图3-42输入复制份数和旋转角度，并点击【复制】并【确认】。效果如图3-43、图3-44所示。

图 3-42

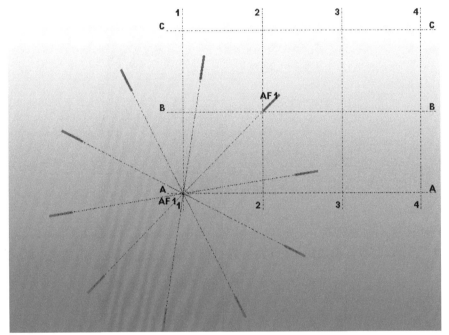

图 3-43

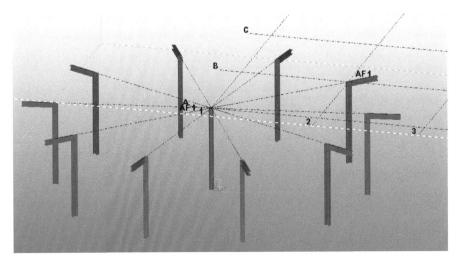

图 3-44

二、曲梁结构绘制

再次双击工具栏中曲梁命令，在弹出的对话框里修改，如图3-45所示。

图3-45

在创建曲梁时，需要选取三个定位点才能创建出一段曲梁，图3-46的中外环和内环形状均由五段曲梁组成。3D效果如图3-47所示。

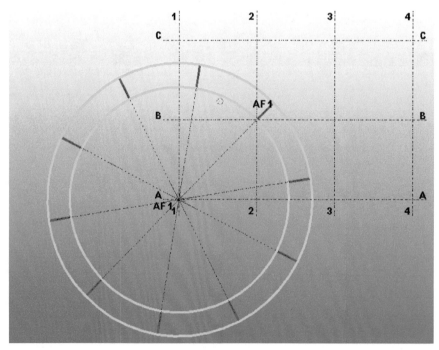

图3-46

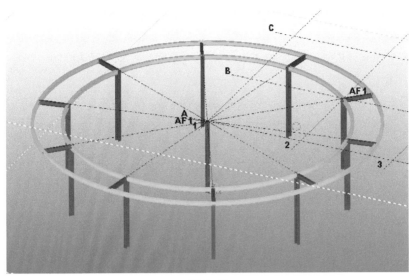

图 3-47

任务五　辅助线使用

一、辅助线布置

点击工具栏上创建基本视图图标 ，在弹出的对话框里，填入数据，如图3-48所示。点击【创建】，效果如图3-49所示。

图 3-48

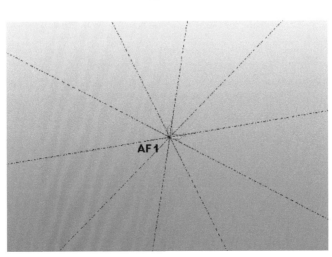

图 3-49

这时，开始创建辅助线，点击【建模】，选择【增加辅助圆】→【使用圆心点和半径】，如图3-50所示。

圆心选模型原点，在半径里，输入1000mm，并再次创建一个辅助圆，半径3000mm。效果如图3-51所示。

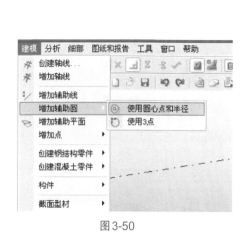

图3-50

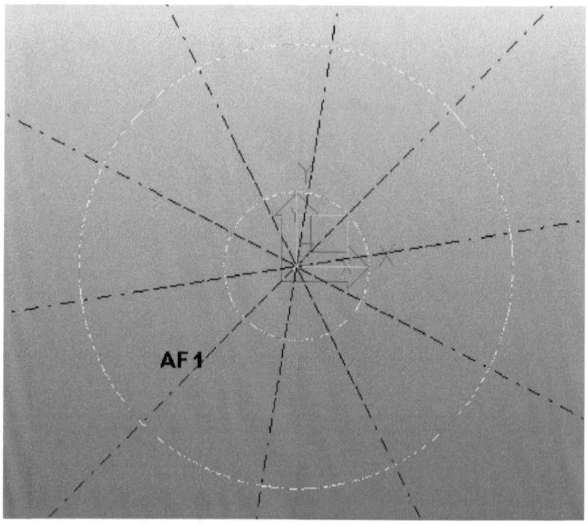

图3-51

二、创建直梁和曲梁

再次创建梁，双击创建直梁命令，弹出对话框，按图3-52填写数据，点击【修改】、【应用】并【确认】。

图3-52

光标变为, 在键盘上直接输入数字2000定位, 点击【确认】, 效果如图3-53所示。

图 3-53

点击鼠标右键, 出现图3-54, 选择"中断", 结束运用直梁命令。

图 3-54

选中图3-53中直梁, 点击鼠标右键, 如图3-55所示, 点击【选择性复制】→【旋转…】。

图 3-55

在"复制—旋转"对话框中,按图3-56填入数据,点击【复制】并【确认】,效果如图3-57所示。

图 3-56

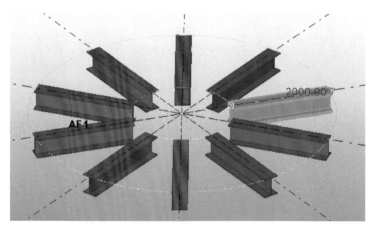

图 3-57

在标高10.5m位置,以图3-57中2m长的直梁端点为定位点再搭建曲梁。使用工具栏中的曲梁命令,其属性设置按图3-58进行修改,完成半径为1000mm处圆环形状曲梁的搭建,效果如图3-59所示。

图 3-58

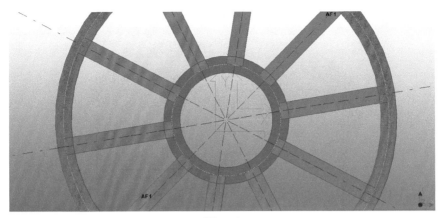

图 3-59

　　使用工具栏中的曲梁命令，其属性设置按图 3-60 进行修改，完成半径为 3000mm 处圆环形状曲梁的搭建，效果如图 3-61、图 3-62 所示。

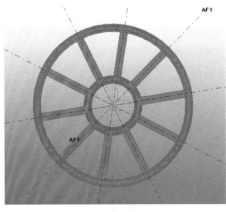

图 3-60

图 3-61

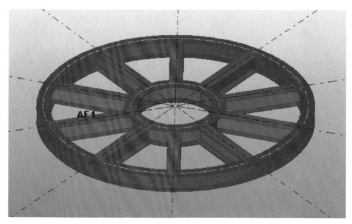

图 3-62

任务六　拉撑

一、折梁创建拉杆

开始创建拉杆，选择工具栏上折形梁图标，如图3-63所示，双击此图标出现图3-64"梁的属性"对话框。

图 3-63

在图3-64对话框中"截面型材"位置点击【选择】，出现如图3-65所示"选择截面"对话框。

图 3-64

在图3-65中选择截面H300*300*10*15，点击【应用】并【确认】。

图3-65

点击【视图】，创建步骤如图3-66～图3-68所示。

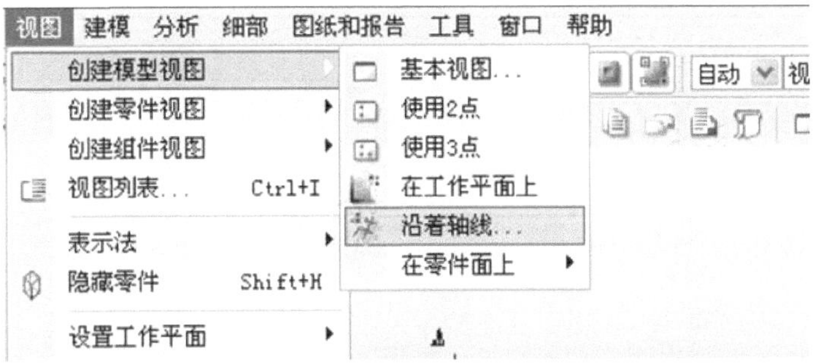

图3-66

图3-67

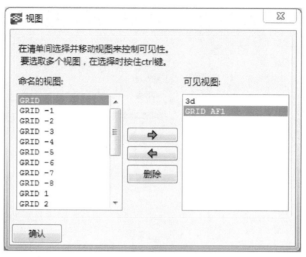

图 3-68

把⒜的轴线视图切换到 2D 视图模式，效果如图 3-69 所示。

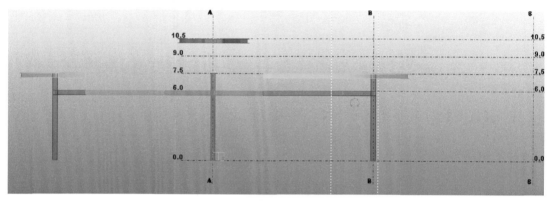

图 3-69

选其相应位置中点，并捕捉垂足点，如图 3-70 所示。

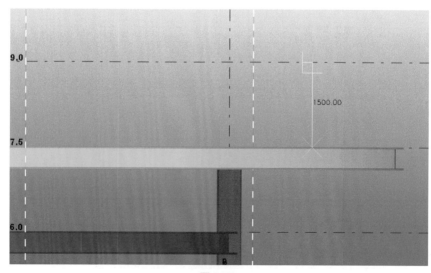

图 3-70

再点选下一个定位点如图 3-71 所示，绘制出折线形状。

点击鼠标中键，绘制出折梁拉杆如图 3-72 所示。

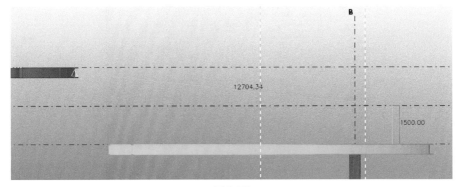

图 3-71

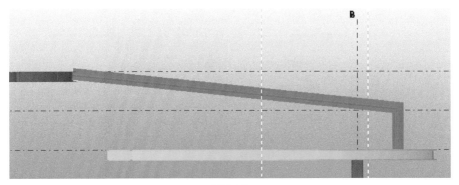

图 3-72

点击鼠标右键，中断命令，如图 3-73 所示。

图 3-73

二、完善拉撑结构

把图 3-72 中的模型切换为 3D 视图，查看折梁，如图 3-74 所示。

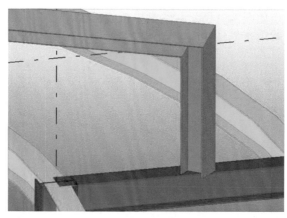

图 3-74

双击该梁，出现柱的属性，如图3-75所示，按图中数据修改并点击【修改】、【应用】并【确认】。

图 3-75

修改后折梁如图3-76所示。

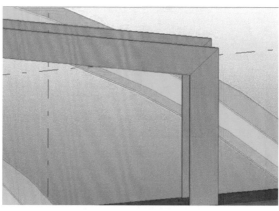

图 3-76

点击【Ctrl+R】旋转视图，效果如图3-77、图3-78所示。

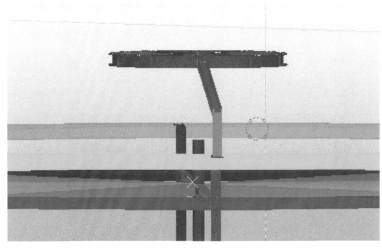

图 3-77

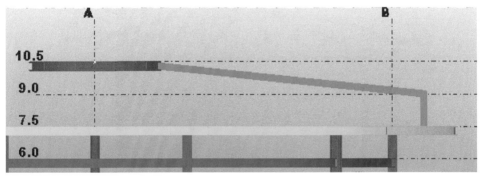

图 3-78

选择该折梁，见图3-79，点击鼠标右键进行复制如图3-80所示，复制后的效果如图3-81所示。

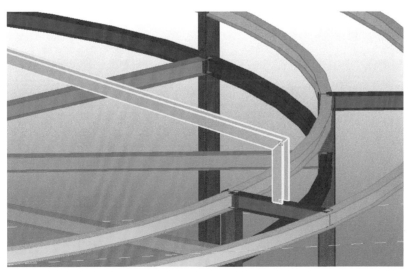

图 3-79

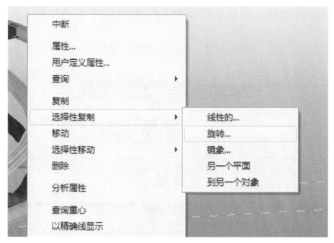

图 3-80

图 3-81

任务七　细部节点

一、细部柱脚节点

如图3-82所示，点击软件界面【窗口】，选择"垂直平铺"，效果如图3-83所示。

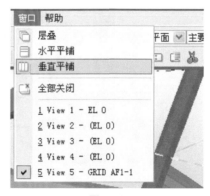

图 3-82

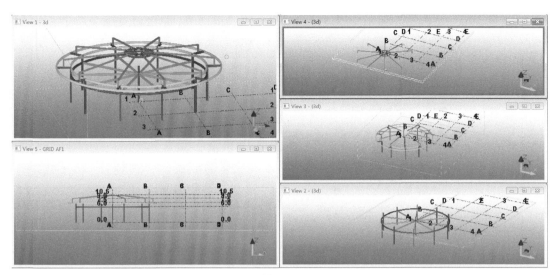

图 3-83

　　选择 View 3 出现图 3-84，选择工具栏中"放大镜"图标，在细部里查找 1047，如图 3-85 所示为美国底板〔1047〕。

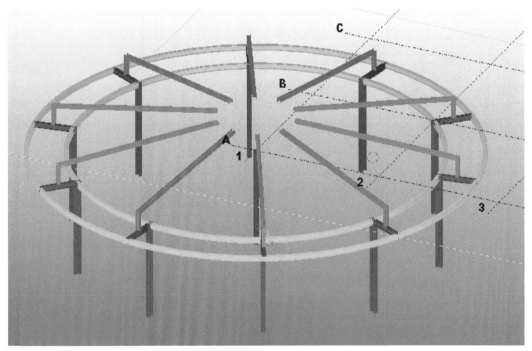

图 3-84

美国底板〔1047〕

图 3-85

双击图3-85，出现图3-86基础板属性对话框，可以根据项目需要进行细部尺寸设计。

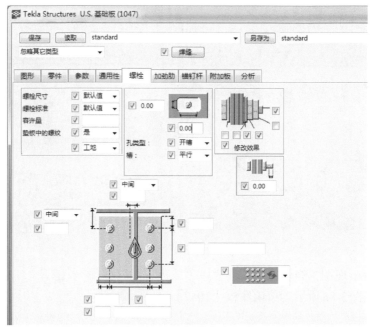

图 3-86

添加好柱脚节点，查看效果如图3-87所示。

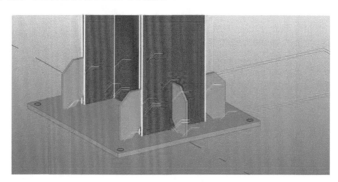

图 3-87

从左到右左键拉取，选取修改好的柱脚节点如图3-88所示。

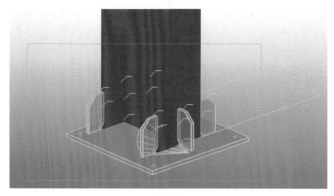

图 3-88

选中图3-88中柱脚，右键进行复制，如图3-89所示，点击【选择性复制】→【旋转】。

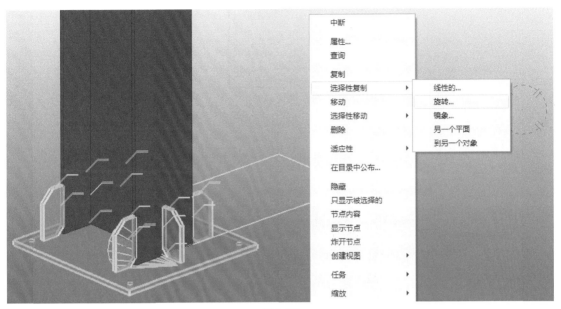

图3-89

在"复制—旋转"对话框中，按图3-90填入数据。完成细部柱脚节点创建，效果如图3-91所示。

图3-90

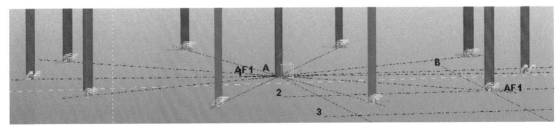

图3-91

二、角钢夹板节点

再次选择工具栏中"放大镜"图标，查找141如图3-92所示为角钢夹板。

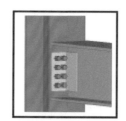

角钢夹板 [141]

图 3-92

在模型中相应位置（图3-93），添加上角钢夹板 ［141］，注意先选择柱子，再选梁，按鼠标中键完成。

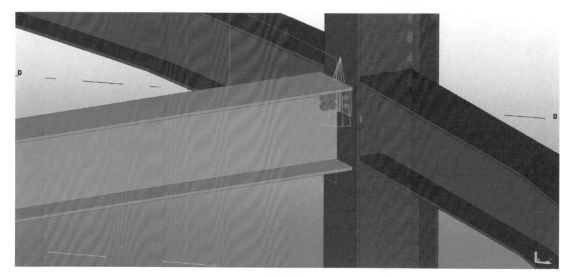

图 3-93

放大后效果如图3-94所示。

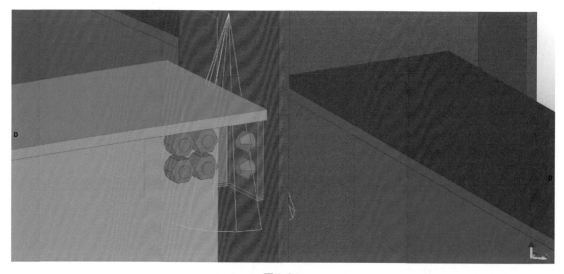

图 3-94

双击角钢，并按图3-95所示输入相应数据。修改后节点外观如图3-96所示。

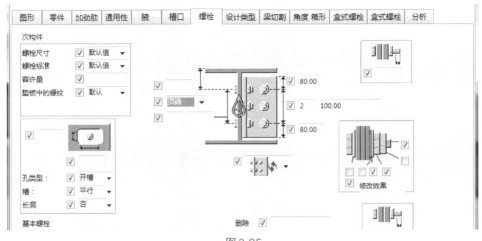

图 3-95

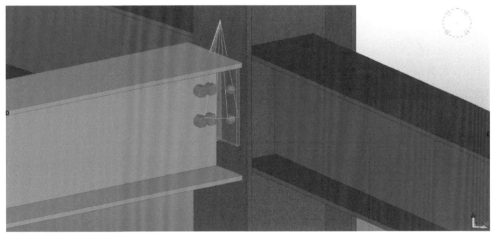

图 3-96

所有柱子与梁连接处均添加好角钢夹板节点，完善好模型外观，如图3-97～图3-99所示。

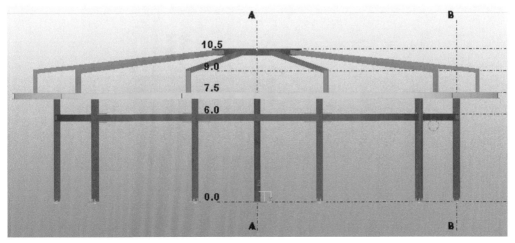

图 3-97

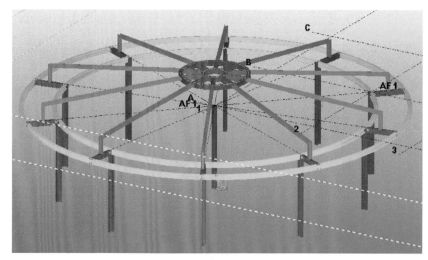

图 3-98

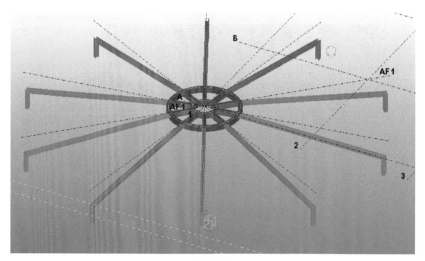

图 3-99

最终做出效果如图3-100～图3-103所示。

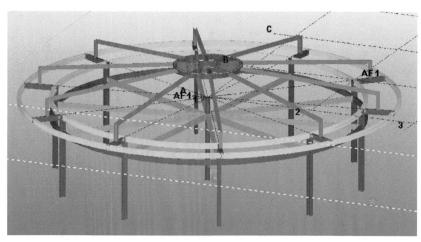

图 3-100

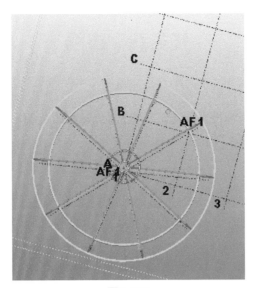

图 3-101

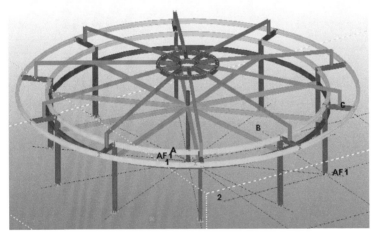

图 3-102

图 3-103

任务八　出图

一、创建整体布置图

选择图3-104中的【图纸和报告】选项，点击【创建整体布置图…】，弹出图3-105对话框。

图 3-104

图 3-105

想创建某一个轴线视图上的图纸，请在图3-105中点击视图下拉项来选取。例如选择GRID-8，然后在"打开图纸"上打勾，并且点击【创建】，效果如图3-106所示。

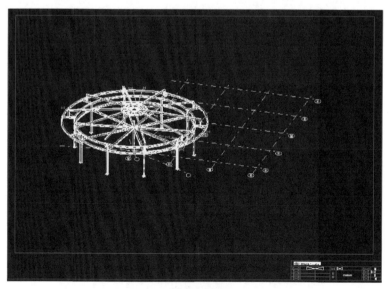

图 3-106

二、图纸的修改

选择软件界面中的【图纸和报告】→【图纸列表…】，如图3-107所示，弹出图3-108对话框，双击图3-108中已创建的视图，就会弹出图3-109的图纸，这时双击右下角图纸的标题栏，效果如图3-110所示。

图 3-107

图 3-108

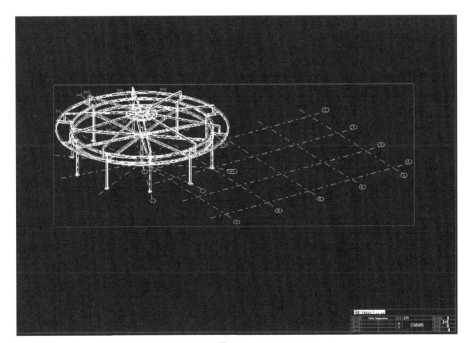

图 3-109

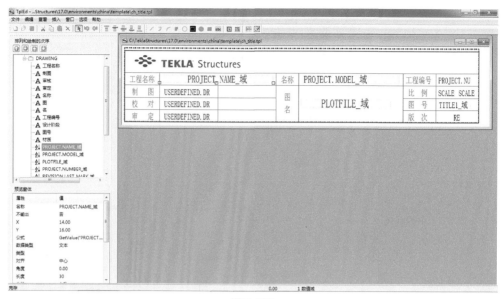

图 3-110

在标题栏的图名里双击，如图3-111所示，随后出现图3-112"数值域属性"对话框。

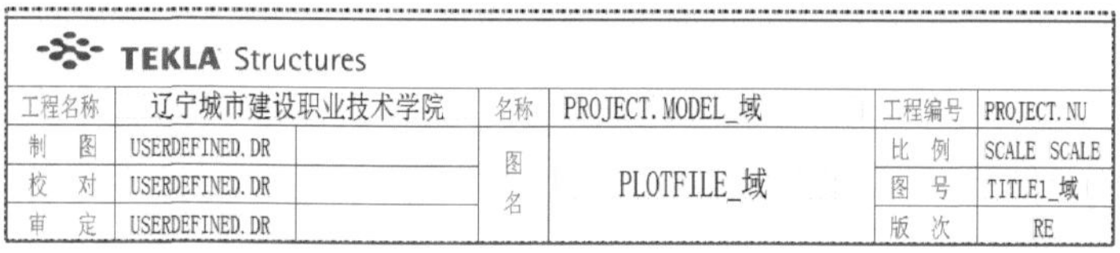

工程名称	辽宁城市建设职业技术学院		名称	PROJECT.MODEL 域	工程编号	PROJECT.NU
制　图	USERDEFINED.DR		图		比　例	SCALE SCALE
校　对	USERDEFINED.DR		名	PLOTFILE_域	图　号	TITLE1_域
审　定	USERDEFINED.DR				版　次	RE

图 3-111

在图3-112中可根据设计需要填写"名称"及其他属性定义，完成轻型钢结构模型，效果如图3-113所示。

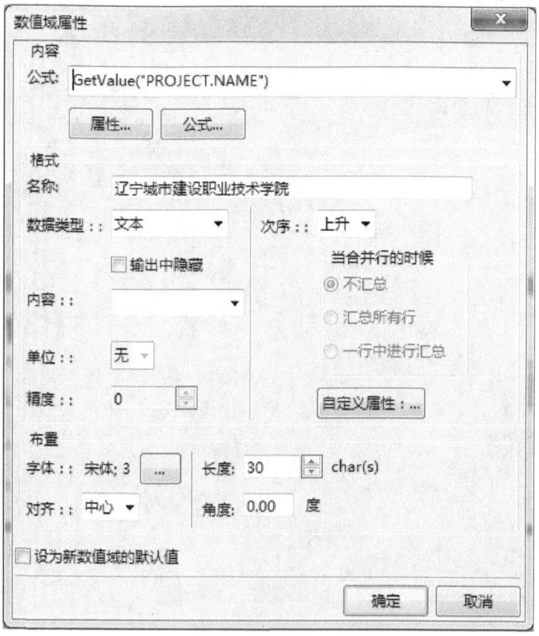

图 3-112

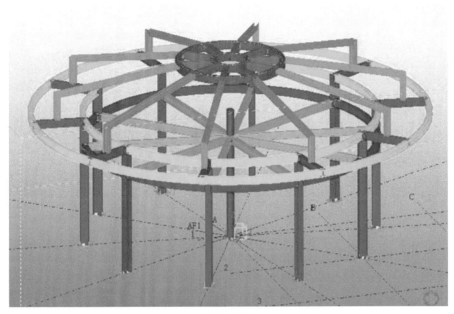

图 3-113

总结

（1）轻型钢结构建筑模型绘制过程：

基本建模参数→创建H形截面柱子→创建圆截面柱子→创建直梁→创建曲梁→画辅助线→创建拉撑→细部处理→出图。

（2）运用辅助线可以更加准确地定位构件的位置，本项目中需要两个辅助圆作为辅助线。绘制辅助圆过程：建模→增加辅助圆→使用圆心点和半径。

（3）选择性复制中，旋转复制可以根据设置好的角度进行复制，能够快速得到模型需要的批量成角度构件。

能力训练题

应用 Tekla Structures 软件，进行轻型钢结构凉亭设计，创建三维设计模型并且生成材料表，具体要求如下。

1. 设计12根轴线，以原点为共同的起点且轴线之间角度均为30°。

2. 设计模型的主要构件选用如下：矩形空腹截面100×5；圆孔截面PIP83×5；工字钢I10；角钢截面L50×4。

3. 此轻型钢结构，最高位置处标高为6m。

4. 根据所设计的柱子尺寸与截面形状选定合适的柱脚节点，完成细部合理尺寸设计。

5. 合理设计出构件之间的连接细部节点。

6. 创建出整体布置图。

7. 生成三维设计模型的材料表。

8. 造型新颖、美观大方，并且结构形式安全、适用。

项目四　高层楼房的建模

 能力目标

1. 会运用Tekla Structures创建高层建筑基础、柱子。
2. 能准确创建高层的钢梁、曲梁、混凝土板。
3. 能灵活运用复制命令，会对板进行修改与控制。
4. 会旋转命令与切割命令的结合使用，通过修剪和复制完善模型。
5. 会准确地根据CAD图纸内容，创建高层楼房Tekla Structures模型。

 知识目标

1. 熟悉用Tekla Structures 软件来搭建高层楼房模型。
2. 掌握生成填充基础、柱子。
3. 掌握创建高层的钢梁、曲梁、混凝土板。
4. 掌握旋转命令和切割命令的结合使用，以及创建切割面。
5. 掌握创建图纸、创建高层楼房整体布置图。

 项目描述

　　本项目为高层楼房模型，是钢结构与混凝土组合形式的高层建筑。本项目主要包括生成填充基础、梁、柱子、曲梁、混凝土板。主体结构共二十层，外立面为曲面形式。

学习建议

　　1.要认真完成每一项任务，操作程序和技巧掌握后，要强化练习以达到熟练、快速操作。

　　2.可以分组协作进行重复演练、小组讨论和汇报总结，充分发挥团队协作来高效深入地进行Tekla Structures软件学习。

　　3.在建模的过程中应熟练掌握常用快捷键，提高建模速度与准确度。

　　4.对布置的作业建议独立完成，逐步提高建模水平。

任务一 基本建模参数

一、新建项目

启动Tekla Structures软件，打开软件登录界面，如图4-1所示，创建一个新模型。

图4-1

二、轴线的创建

　　点击软件界面中【建模】，选择"创建轴线"，弹出"轴线"对话框，按图4-2进行数据修改。

图4-2

点击鼠标右键，如图4-3所示，选择【适合工作区域到整个模型】，这样扩大了模型的控制区域，使工作区域包裹住所创建的三维轴网。

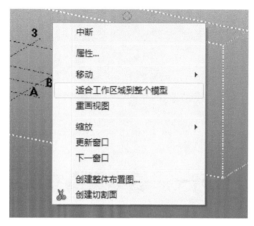

图4-3

任务二　基础与柱子

一、填充基础

选择工具栏中"生成填充基础"图标，如图4-4所示，并双击，出现"垫板角部属性"对话框，如图4-5所示。

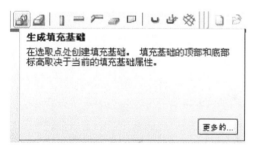

图4-4

图4-5

输入数据，调整好位置和高度后点击【修改】、【应用】并【确认】。

在Ⓐ轴与③轴交点处、Ⓓ轴与③轴交点处用鼠标单击一下即可添加上基础。

二、填充柱子

在工具栏中点击"生成混凝土柱"图标 [图标]，直接使用图4-6默认的数据。同理应用"生成长条基础"命令 [图标]，使用软件中默认数据创建。

图4-6

建立模型效果图如图4-7所示。

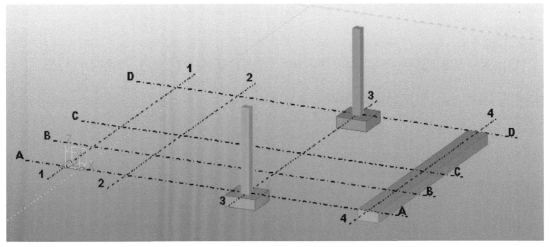

图4-7

在工具栏中用"生成混凝土嵌板"命令 [图标]，添加一块板，按照图4-8输入数据。

图4-8

最终效果如图4-9所示。

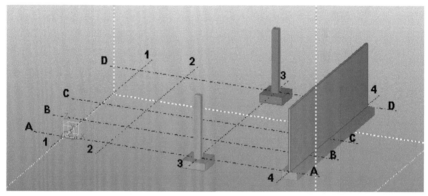

图4-9

按住鼠标左键框选柱子和基础（图4-10），点击右键选择【复制】，如图4-11所示。

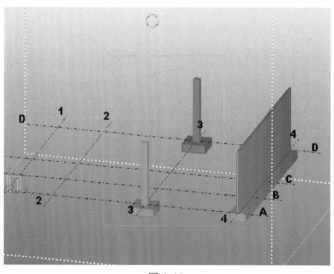

图4-10

图 4-11

把③轴位置处高亮显示的构件从轴线交点D-3向D-2点进行复制，效果如图4-12所示。

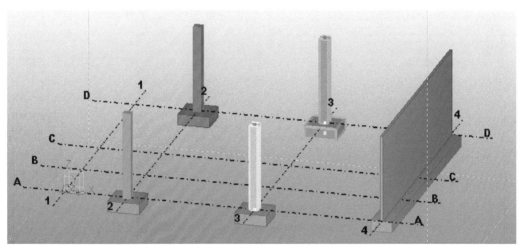

图 4-12

选择Ⓓ轴与②轴交点处柱子，在选择柱时按下【Ctrl】键进行多重选择，此时同时选择D-2、A-2轴线交点处的两个柱子，用鼠标左键双击柱子，弹出混凝土柱的属性对话框，如图4-13所示。

图 4-13

按照图4-13修改数据，再点击【修改】并【确定】，最终效果如图4-14所示。

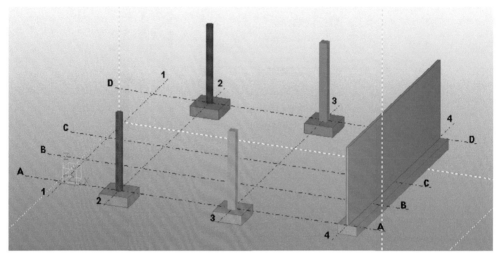

图 4-14

任务三　梁与板

一、创建直梁

点击工具栏中创建梁图标 ▬，打开捕捉开关 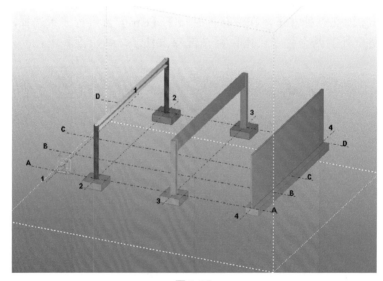，选取 A-3 和 D-3 柱的端头内部中点。在 Tekla Structures 中可以使用 Tab 键来巡视捕捉位置。在 A-2、D-2 上创建钢梁。如图4-15所示。

图 4-15

用鼠标左键点击工具栏中"创建基本视图"命令，如图4-16所示会弹出相应的对话框，按图中数据填写坐标，点击【创建】。这时出现一个新的视图窗口，按下【Ctrl+P】键，切换视图为平面如图4-17所示。

图 4-16

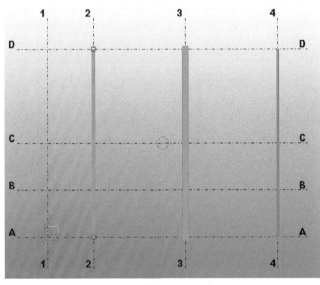

图 4-17

点击工具栏里的【窗口】选项，选择【垂直平铺】，如图4-18所示。效果如图4-19所示。

图 4-18

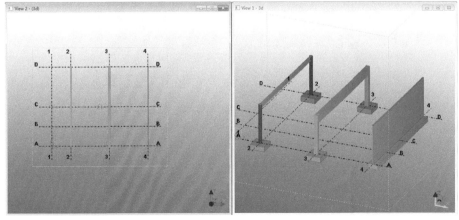

图 4-19

二、创建曲梁

选择工具栏中创建曲梁图标，见图4-20，点击图4-21中3点：A-2、C-1、D-2。

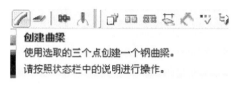

图 4-20

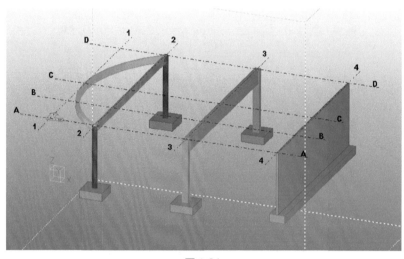

图 4-21

三、创建板

选择工具栏中"生成混凝土板"图标 ，点击A-2、A-3、A-4、D-4、D-3、D-2、C-2交点；点击鼠标中键，效果如图4-22所示。

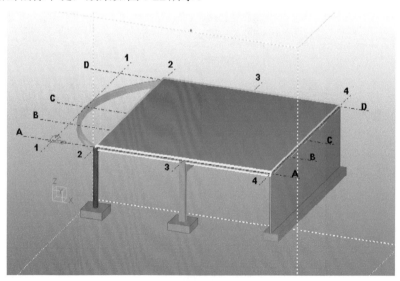

图 4-22

双击板，把等级改成5，如图4-23所示。按【Esc】键，双击图4-23中右侧的视图，放大，按Ctrl+鼠标中间键，旋转成图4-24所示效果。

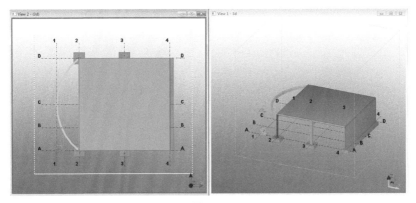

图 4-23

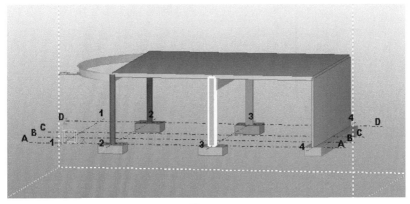

图 4-24

任务四　复制楼层

一、线性的复制

用鼠标左键按图4-25所示进行框选（从右向左方向），选好复制的内容后点击鼠标右键，弹出如图4-26所示菜单。

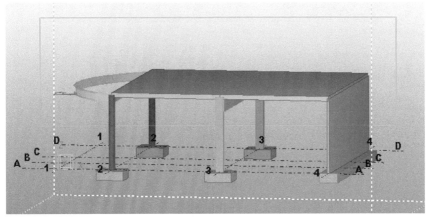

图 4-25

图 4-26

用鼠标左键点选【选择性复制】→【线性的…】，在图4-27的对话框中输入数据，点击【复制】并【确认】。

图 4-27

复制好二层、三层结构，最终效果如图4-28所示，点击【保存】。

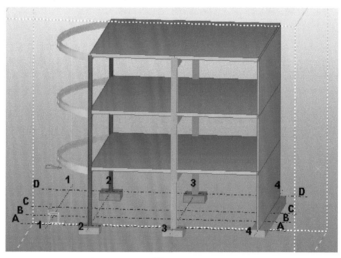

图 4-28

二、楼层视图窗口

点击工具栏中"用两点创建视图"命令，见图4-29，在图4-28中点击B-2、B-4两点，此时创建出一个新的楼层视图窗口，再按【Ctrl+P】，效果如图4-30所示。

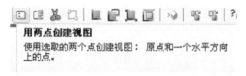

图 4-29

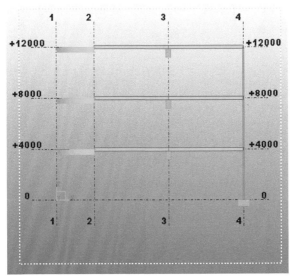

图 4-30

点击【窗口】命令，选择第一个视图 View 1，如图 4-31 所示。

图 4-31

再次使用"用两点创建视图"命令，点击 A-2、D-2 两点，此时新增一个视图窗口，按【Ctrl+P】，效果如图 4-32 所示。

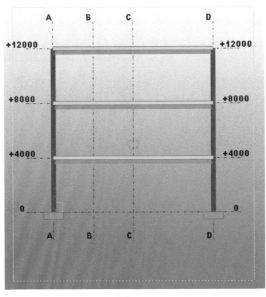

图 4-32

点击图4-33中【窗口】→【垂直平铺】，得到效果图如图4-34所示。

图 4-33

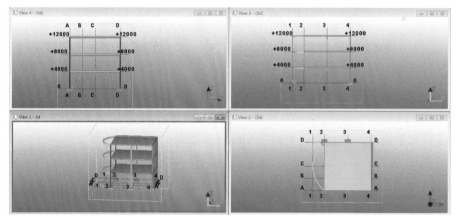

图 4-34

任务五　创建图纸

一、创建整体布置图

选择软件界面中【图纸和报告】→【创建整体布置图…】，如图4-35所示。使用【Shift】键全部选择，如图4-36所示。

图 4-35

图 4-36

点击【创建】，效果如图4-37所示。

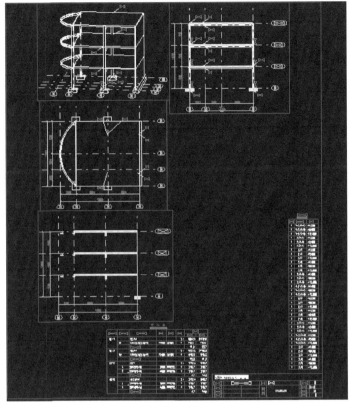

图4-37

二、视图属性设置

点击关闭图4-37，就又回到图4-34。关闭前两个窗口，只留下后面两个，如图4-38所示。双击右侧图的背景，按图4-39修改数据。可根据绘图需要在视图属性中灵活设置，尤其注意可见性的设置，如若向上显示深度设置数据过小，二层、三层的模型中构件将不可见。

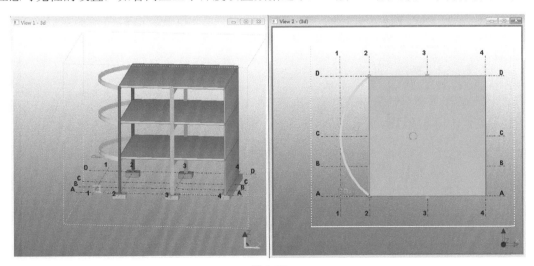

图4-38

图 4-39

任务六　板的修改

一、板的修改控制

这时在图4-38中标高12m处的第三块板，即最上面的那块板进行操作。点击图4-38左侧立体图中第三块板，使其变亮，如图4-40所示。

图 4-40

在图4-40中，看到一个选取点，不用点击该点，如图4-41所示。利用Alt键和鼠标左键框选此点，点击右键，选择【移动】命令，如图4-42所示，对此点进行移动，选取C-2点移动至C-1点，效果如图4-43所示。

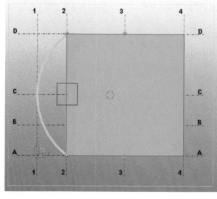

图 4-41

图 4-42

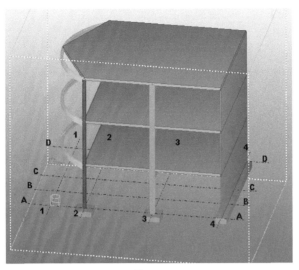

图 4-43

二、板的切角属性

按【Alt】键并结合鼠标左键框选图4-43中12m标高处C-1点，同时按【Alt】和【Enter】键会弹出"切角属性"对话框，类型选择如图4-44所示。

图 4-44

点击【修改】并【确认】，效果如图4-45中右图所示。把图4-43中A-3上的柱及板上的控制点移动至B-3位置，效果见图4-45中左图。

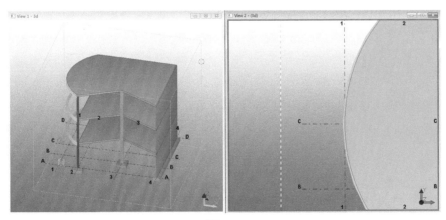

图 4-45

按键盘上的【Home】键，可使模型在界面中全部显示出
来。点击最上面的板，出现板的各个控制点后，双击B-3点，
如图4-46所示，会出现"切角属性"对话框（图4-44），同样
修改类型后，最终模型效果如图4-47所示。

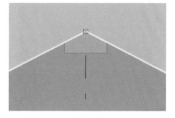

图 4-46

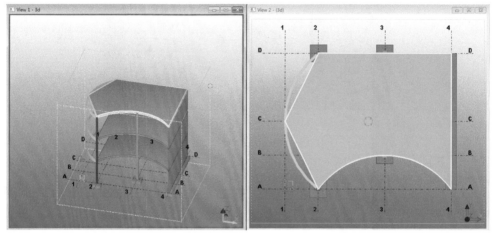

图 4-47

任务七 图纸变化和修改

一、图纸列表

选择工具栏中"打开图纸列表"图标 ，弹出对话框，如图4-48
所示，选中已创建图纸，点击【打开】，效果如图4-49所示。

图 4-48

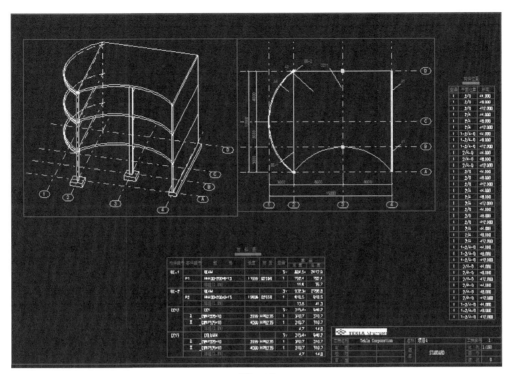

图 4-49

二、图纸变化和修改

可以非常清晰地看出来，模型图4-49已经和之前的模型图4-37不一样，已经随着修改而变动了。

把界面图4-49关闭，这时，再关掉图4-47右侧的界面，只留下3D的界面，如图4-50所示。

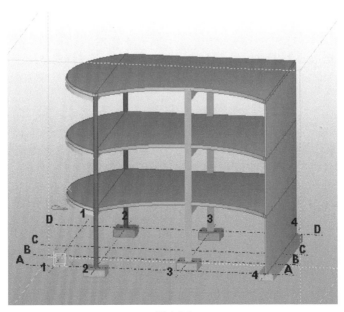

图 4-50

按【Ctrl+P】切换到2D视图、按【Ctrl+2】切换到透视视图，效果如图4-51所示。

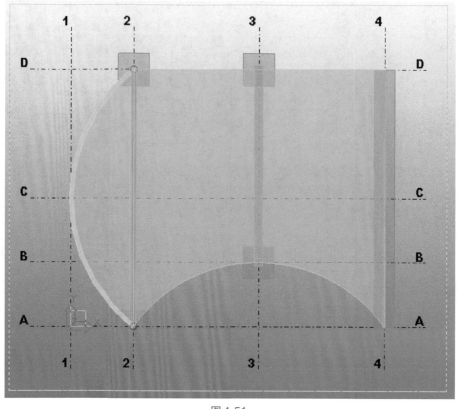

图 4-51

任务八　旋转命令与切割命令的结合使用

一、复制旋转

按住鼠标左键框选 D-2、D-3，如图4-52所示。同时按下【Delete】，删除柱子，如图4-53所示。

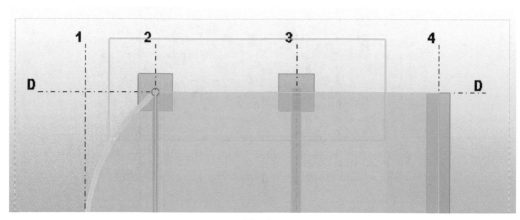

图 4-52

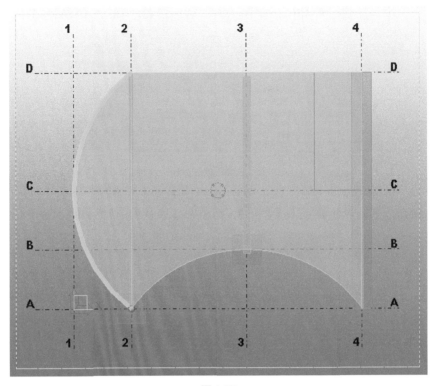

图4-53

按住鼠标左键框选，使所有的构件高亮显示，效果如图4-54所示。

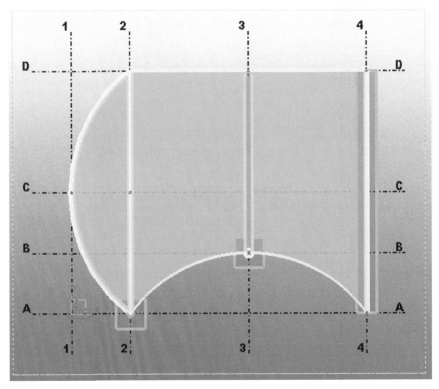

图4-54

点鼠标右键进行复制，如图4-55所示，点击【选择性复制】→【旋转…】。

图4-55

然后点取①轴与④轴的交点（图4-56），按照图4-57输入数据，点击【复制】、【确认】，弹出如图4-58所示的对话框，点击【扩展】，再点击【确认】。效果如图4-59所示。

图4-56

图4-57

图4-58

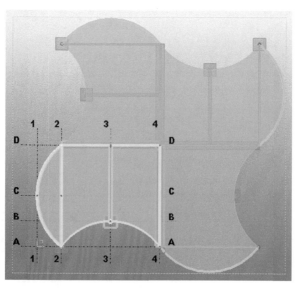

图4-59

按下【Esc】键，双击【黑色轴线】，弹出"轴线"对话框，并按图4-60修改数据，点击【修改】、【创建】，弹出图4-61对话框，点击【是】。

图 4-60

图 4-61

效果如图4-62所示。

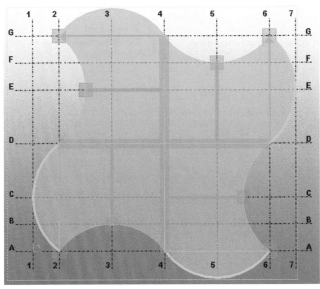

图 4-62

鼠标左键单击模型附近空白背景处，点击鼠标右键，选择"适合工作区域到整个模型"，如图4-63所示。此时，扩大三维模型的控制区域，以保证工作区域能够包涵所有创建的构件。

图4-63

二、切割操作

打开工具栏中捕捉开关 ，用鼠标左键从右向左框选图4-62中左下角一块板，使其高亮显示，如图4-64所示。

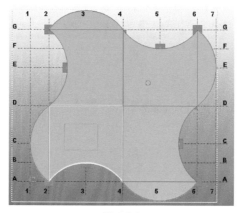

图4-64

点击工具栏中"使用多边形切割零件"图标 ，在模型中图4-65指示位置进行开洞。

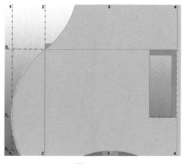

图4-65

点击D-4后，鼠标向左平行移动，见图4-66，输入2500，此时点击【确认】，捕捉到第二个定位点。

图 4-66

鼠标继续向下移动，找到ⓒ轴线上的垂足，左键点击，此时找到第三个捕捉点，如图 4-67所示。继续移动鼠标向④轴线上找到垂足，为第四个定位点。点击鼠标中键，完成多边形切割的操作，效果如图4-68所示。

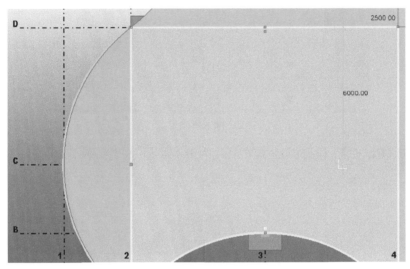

图 4-67

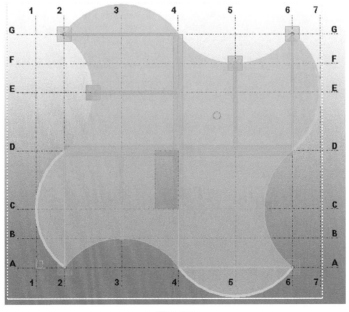

图 4-68

按【Esc】键退出当前"使用多边形切割零件"命令，点击【Ctrl+4】，效果如图4-69所示。

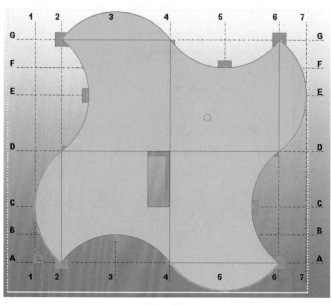

图4-69

再次点击【Ctrl+P】，模型由2D模型转化为3D模型，效果如图4-70所示。

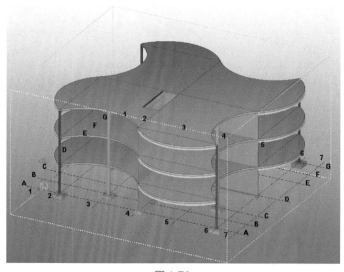

图4-70

任务九　完善高层楼房模型

一、复制操作

按【Ctrl+P】对模型进行旋转，旋转视图到如图4-71所示位置，按住鼠标左键从右向左进行框选，选择区域如图4-72所示。再次点击鼠标右键，在图4-73的对话框中点选【选择性复制】→【线性的…】。

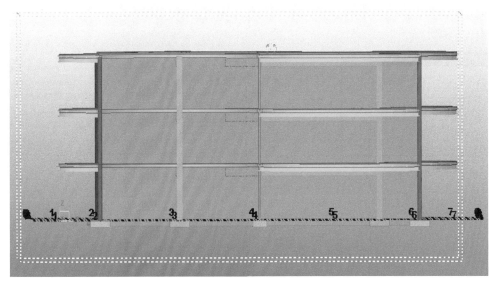

图 4-71

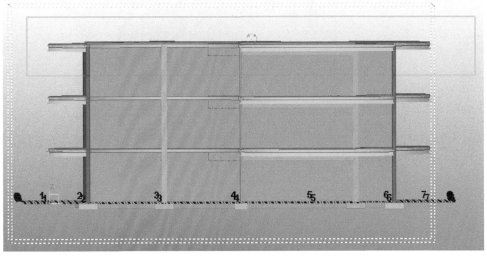

图 4-72

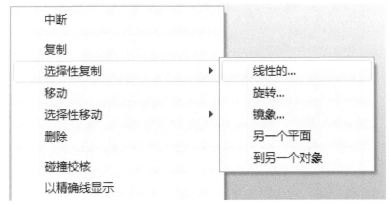

图 4-73

输入如图4-74所示的数据，点击【复制】并【确认】，弹出如图4-75所示对话框，点击【扩展】。

图4-74

图4-75

效果图如图4-76所示。

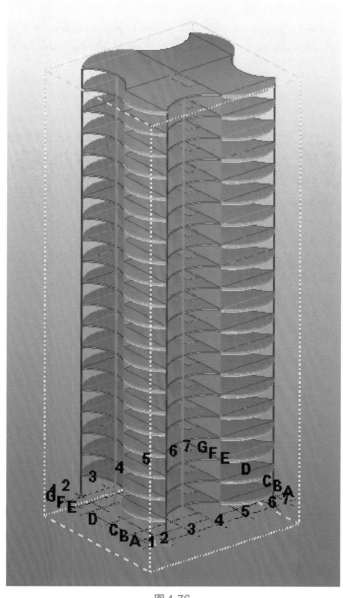

图4-76

点击鼠标右键，选择【重画视图】，如图4-77所示，此时完善了高层楼房模型。

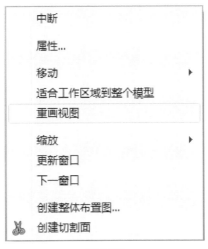

图 4-77

二、创建切割面

点击工具栏中"创建切割面"图标，如图4-78所示，选择一次顶面，再选择一次侧面，见图4-79，创建了两个方向的切割面。

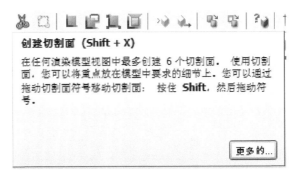

图 4-78

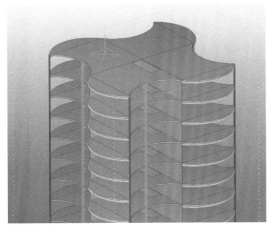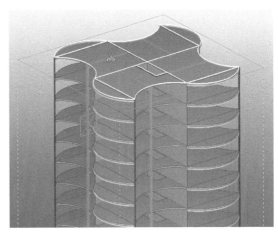

图 4-79

按下【Esc】键，退出"创建切割面"命令，拖动最上面的剪刀，由上至下，效果如图4-80所示。

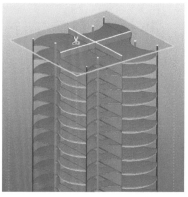

图4-80

拖动侧面的剪刀，效果如图4-81所示。

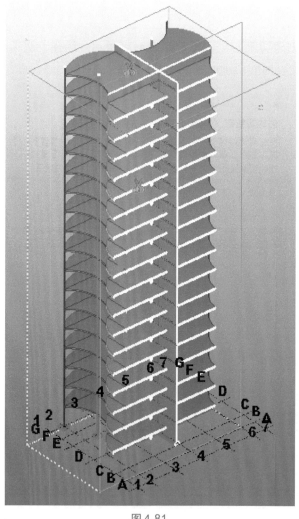

图4-81

去掉切割面，可选择图4-81中的2个剪刀，按【Delete】键。然后用鼠标点击右键，选择【适合工作区域到整个模型】，使去掉切割面后的所有可见构件在模型的工作区域内，保证建模的准确性，如图4-82所示。

图 4-82

去掉创建的2个切割面后，最终效果如图4-83所示。

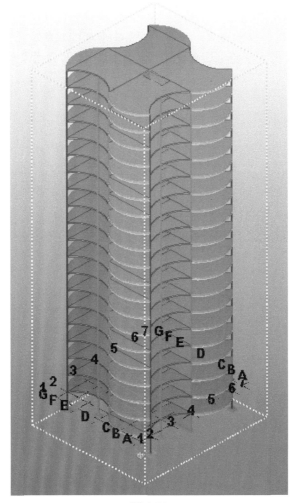

图 4-83

总结

（1）高层楼房的建模过程：

轴线的创建→填充基础、柱子→创建直梁、曲梁→创建混凝土板→复制楼层→楼层视图窗口→创建图纸→创建整体布置图→板的修改控制→板的切角属性→修改图纸→完善模型

（2）切角功能：更换不同类型的角部。

（3）复制楼层的方法：框选选取→右键→复制→选择性复制→线性复制

能力训练题

应用Tekla Structures软件，进行高层楼房项目的三维模型创建。本模型采用钢结构与混凝土组合形式，其中钢结构材质均为Q235B，具体要求如下。

1.一层层高4.5m，其他标准层层高3.0m，楼层数为15层。

2.造型新颖、美观大方，并且结构形式安全、适用。

3.创建轴线：要求轴线坐标、标签均正确，结构尺寸自行设计。

4.创建2D及3D视图：要求2D视图用于建模，3D视图用于查看模型情况。

5.创建柱脚节点：要求用系统节点创建，螺栓用孔表示。

6.创建钢梁：要求钢梁的颜色跟柱不一样，梁尺寸位置设计准确合理。

7.创建布置图：创建一张水平面布置图，图中要求标注构件编号及轴线尺寸。

8.图纸输出为CAD格式：将上述创建的图纸输出为CAD格式文件。

参 考 文 献

[1] GB 50017—2003钢结构设计规范.

[2] GB 50205—2001钢结构工程施工质量验收规范.

[3] GB 50018—2002冷弯薄壁型钢结构技术规范.

[4] 陈绍蕃，顾强.钢结构 上册：钢结构基础.第3版.北京：中国建筑工业出版社，2014.

[5] 陈绍蕃，顾强.钢结构 下册：房屋建筑钢结构设计.第3版.北京：中国建筑工业出版社，2014.

[6] 张耀春.钢结构设计原理.北京：高等教育出版社，2011.

[7] 陈骥.钢结构稳定理论与设计.北京：科学出版社，2014.

[8] 魏潮文，弓晓芸，陈友泉.轻型房屋钢结构应用技术手册.北京：中国建筑工业出版社，2005.

[9] 浙江大学建筑工程学院.浙江大学建筑设计研究院.空间结构.北京：中国计划出版社，2003.

[10] 苏翠兰.钢结构详图设计快速入门——XSTEEL软件实操指南与技巧.北京：中国建筑工业出版社，2010.

[11] 刘声扬.钢结构.第5版.北京：中国建筑工业出版社，2011.

[12] Alexander Mewman 著.余洲亮译.金属建筑系统设计与规范.北京：清华大学出版社，2001.

[13] 轻型钢结构设计指南编写组.轻型钢结构设计指南.北京：中国建筑工业出版社，2002.

[14] 本书编委会.简明钢结构工程施工验收技术手册.北京：地震出版社，2005.

[15] 刘声扬.钢结构——原理与设计（精编本）.第2版.武汉：武汉理工大学出版社，2010.

[16] GB/T 50104—2010建筑制图标准.

[17] GB/T 50105—2010建筑结构制图标准.

[18] 中国建筑标准设计院.钢结构设计制图深度和表示方法03G102S.北京：中国计划出版社，2003.

[19] 李朝晖.怎么进行钢结构工程施工.北京：中国电力出版社，2009.

[20] 吴欣之.现代建筑钢结构.北京：中国电力出版社，2009.

[21] 李星荣，魏才昂，丁峙崐等.钢结构连接节点设计手册.北京：中国建筑工业出版社，2005.

[22]《钢结构设计手册》编辑委员会.钢结构设计手册.第3版.北京：中国建筑工业出版社，2004.

[23] 纪贵.世界工程结构钢手册.北京：中国标准出版社，2006.

[24] JGJ 99—2015高层民用建筑钢结构技术规程.